기적의 수학 문장제

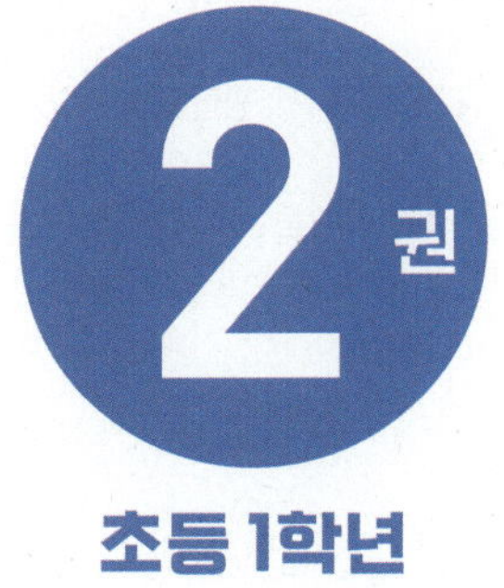

2권

초등 1학년

길벗스쿨

기 적 의 수 학 문 장 제 ② 권

초판 1쇄 발행 · 2018년 12월 15일
개정 2쇄 발행 · 2025년 1월 17일

지은이 · 김은영
발행인 · 이종원
발행처 · 길벗스쿨
출판사 등록일 · 2006년 7월 1일
주소 · 서울시 마포구 월드컵로 10길 56 (서교동)
대표 전화 · 02)332-0931 | **팩스** · 02)333-5409
홈페이지 · school.gilbut.co.kr | **이메일** · gilbut@gilbut.co.kr

기획 · 김미숙(winnerms@gilbut.co.kr) | **편집진행** · 이지훈
영업마케팅 · 문세연, 박선경, 박다슬 | **웹마케팅** · 박달님, 이재윤, 이지수, 나혜연
영업관리 · 김명자, 정경화 | **독자지원** · 윤정아
제작 · 이준호, 손일순, 이진혁

디자인 · ㈜더다츠 | **표지 일러스트** · 우나리 | **본문 일러스트** · 유재영, 김태형
전산편집 · 보문미디어 | **CTP출력 및 인쇄** · 교보피앤비 | **제본** · 경문제책

ISBN 979-11-6406-815-9 64410
(길벗스쿨 도서번호 11008)
정가 11,000원

고대 이집트인들은 나일 강변에서 농사를 지으며 살았습니다. 나일강 유역은 땅이 비옥하여 농사가 잘 되었거든요. 그러나 잦은 홍수로 나일강이 흘러넘치기 일쑤였고, 홍수 후 농경지의 경계가 없어져 버려 본래 자신의 땅이 어디였는지 구분하기 힘들었어요. 사람들은 저마다 자신의 땅이라고 우기면서 다투었습니다. 그때, 사람들은 생각했어요.
"내 땅의 크기를 정확히 알 수 있다면, 홍수 후에도 같은 크기의 땅에 농사를 지으면 되겠구나."
이때부터 사람들은 땅의 크기를 재고, 넓이를 계산하기 시작했답니다.

"아휴! 수학을 왜 배우는지 모르겠어요. 어렵고 지겨운 수학을 배워 어디에 써요?"
학년이 올라갈수록 많은 학생들이 이렇게 묻습니다.
만일 고대 이집트인들이 들었다면 이런 대답을 했을 거예요.
"이집트 문명의 발전은 수학이 만들어낸 것이다."

우리 생활에서 일어나는 이런저런 일들은 문제가 일어난 상황을 이해하고 판단하여 해결해야 하는 과정이에요. 이 과정에서 반드시 필요한 능력이 수학적으로 생각하는 힘이고요. 즉, 수 계산이 수학의 전부가 아니라 **수학적으로 생각하기**가 진짜 수학이라는 것이죠.
어떤 문제가 생겼을 때 그것을 해결하기 위해 필요한 것이 무엇인지 판단하고, 논리적으로 조합하여 써 내려가는 모든 과정이 수학이랍니다. 그래서 수학은 생활에 꼭 필요하고, 우리가 수학적으로 생각하는 능력을 갖추면 어떤 문제든지 잘 해결할 수 있게 되지요.

기적의 수학 문장제는 여러분이 주어진 문제를 이해하고 판단하여 해결하는 과정을 훈련하는 교재입니다. 이 책으로 차근차근 기초를 다지다 보면 수학과 전혀 관련 없어 보이는 생활 속 문제들도 수학적으로 생각하여 해결할 수 있다는 것을 알게 될 거예요. 그러면 수학이 재미없지도 지겹지도 않고 오히려 퍼즐처럼 재미있게 느껴진답니다.
모쪼록 여러분이 수학과 친해지는 데 기적의 수학 문장제가 마중물이 될 수 있기를 바랍니다.

김은영

수학 문장제 어떻게 공부할까?

로봇, 인공지능과 같은 기술이 발전하면서 4차 산업혁명 시대가 열렸습니다. 이에 발맞추어 교육도 변화하고 있습니다. 새 교육과정을 살펴보면 성장·과정 중심, 스토리텔링 교육, 코딩 교육, 서술형 평가 확대 등 창의력과 문제해결력을 기르는 방향으로 바뀌고 있습니다. 이제는 지식을 많이 아는 것보다 아는 지식을 새롭게 창조하는 능력이 무엇보다 중요한 때입니다.

논리적으로 사고하여 문제를 해결하는 수학 과목의 특성상 문제를 다양하게 바라보고 해결 방법을 찾는 과정에서 창의력과 문제해결력을 계발할 수 있습니다. 특히 수학 문장제는 실생활과 관련된 수학적 상황을 인지하고, 해결하는 과정을 통해 문제해결력을 키우기에 아주 효과적입니다.

요즘 아이들은 문자보다 그림과 영상에 익숙합니다. 그러다 보니 읽을 것이 많은 수학 문장제에 겁을 내거나 조금 해보려고 애쓰다 포기해 버리는 경우가 많습니다. 아래는 수학 문장제를 공부할 때 흔히 겪는 여러 가지 어려움들을 나열한 것입니다.

　수학 문장제 학습의 가장 큰 고민은 갖가지 문제점들이 복합적으로 얽혀 있어 어디서부터 손을 대야 할지 막막하다는 것입니다. 하지만 대부분의 문제는 크게 두 가지로 나누어 볼 수 있습니다. 바로 '읽기(문제이해)'가 안 되고, '쓰기(문제해결, 풀이)'가 안 되는 것이죠. 국어도 아니고 수학에서 읽기와 쓰기 때문에 곤경에 처하다니 어찌 된 일일까요? 그것은 수학적 읽기와 쓰기는 국어와 다르기 때문에 생긴 문제입니다.

어려움 1

문제읽기와 문제이해 "왜 책도 많이 읽는데 수학 문장제를 이해하지 못할까?"

수학 독해는 따로 있습니다.

　문제를 잘 읽는다고 해서 수학 문장제를 잘 이해할 수 있는 것은 아닙니다.

　'빵이 9개씩 8봉지 있을 때 빵의 개수를 구하는 문제'를 읽고 나서 '몇 개씩 몇 묶음'이 곱셈을 뜻하는 수학적 표현이라는 것을 모르면 문제를 해결할 수 없습니다. 또, 문장을 곱셈식으로 바꾸지 못하면 풀이 과정을 쓸 수도 없습니다.

　이처럼 수학 문장제는 문제를 읽고, 문제 속에 숨겨진 수학적 표현, 용어, 개념을 찾아 해석하는 능력이 필요합니다. 또 문장을 식으로 나타내거나 반대로 주어진 식을 문장으로 읽는 능력도 필요합니다. 다양한 수학 문장제를 풀어 보면서 **수학 독해력을 키워야 합니다.**

어려움 2

문제해결과 풀이쓰기 "답은 구했는데 왜 풀이를 못 쓸까?"

쓸 수 있어야 진짜 아는 것입니다.

　아이들이 써 놓은 식이나 풀이 과정을 살펴보면 연산기호나 등호 없이 숫자만 나열하여 알아보기 힘들거나, 풀이 과정을 말하듯이 써서 군더더기가 섞여 있는 경우가 많습니다. 숫자를 헷갈리게 써서 틀리는 경우, 두서없이 풀이를 쓰다가 중간에 한 단계를 빠뜨리는 경우, 앞서 계산한 값을 잘못 찾아 쓰는 경우 등 알고도 틀리는 실수들이 자주 일어납니다. 이는 식과 풀이를 논리적으로 쓰는 연습을 하지 않았기 때문입니다.

　풀이를 쓰는 것은 머릿속에 있던 문제해결 과정을 꺼내어 눈앞에 펼치는 것입니다. 간단한 문제는 머릿속에서 바로 처리할 수 있지만, 복잡한 문제는 절차에 따라 차근차근 풀어서 써야 합니다. 이때 풀이를 쓰는 연습이 되어 있지 않으면 어디서부터 어디까지, 어떻게 풀이 과정을 써야 하는지 막막할 수밖에 없습니다.

　덧셈식과 뺄셈식을 정확하게 쓰는 것은 물론, 수학 용어를 사용하여 간단명료하게 설명하기, 문제해결 전략 세우기에 따라 과정 쓰기 등 **절차에 따라 풀이 과정을 논리적으로 쓰는 연습을 해야 합니다.**

핵심어독해법으로 문제읽기 능력 강화

수학 문장제, 어떻게 읽어야 할까요? 다음 수학 문장제를 눈으로 읽어 보세요.

> 한 상자에 9개씩 담겨 있는 김치만두 3상자와 한 상자에 6개씩 담겨 있는 왕만두 4상자를 샀습니다. 산 만두는 모두 몇 개일까요?

똑같은 문제를 줄을 나누어 썼습니다. 다시 한번 소리 내어 읽어 보세요.

> 한 상자에 9개씩 담겨 있는 김치만두 3상자와
> 한 상자에 6개씩 담겨 있는 왕만두 4상자를 샀습니다.
> 산 만두는 모두 몇 개일까요?

> 눈으로 읽는 것보다
> 줄을 나누어 소리 내어 읽는 것이
> 문제를 이해하기 쉽습니다.

똑같은 문제를 핵심어에 표시하며 다시 읽어 보세요.

> 한 상자에 9개씩 담겨 있는 김치만두 3상자와
> 한 상자에 6개씩 담겨 있는 왕만두 4상자를 샀습니다.
> 산 만두는 모두 몇 개일까요?

> 중요한 부분에 표시하며
> 읽는 것이
> 문제를 이해하기 쉽습니다.

위 문제의 핵심어만 정리해 보세요.

> 김치만두 : 9개씩 3상자, 왕만두 : 6개씩 4상자
> 만두는 모두 몇 개?

> 복잡한 정보들을 정리하면
> 문제가 한눈에 보입니다.

위와 같이 정보와 조건이 있는 수학 문제를 읽을 때에는
문장의 핵심어에 표시하고, 조건을 간단히 정리하면서 읽는 것이 좋습니다.

핵심어독해법

❶ **핵심어에 표시**하며 문제를 읽습니다.
핵심어란? 구하는 것, 주어진 것이에요.

❷ **수학 독해**를 합니다.
　□ 핵심어(조건)를 간단히 정리하기
　□ 핵심어(수학 용어)의 뜻, 특징 등 써 보기
　□ 핵심어와 관련된 개념 떠올리기

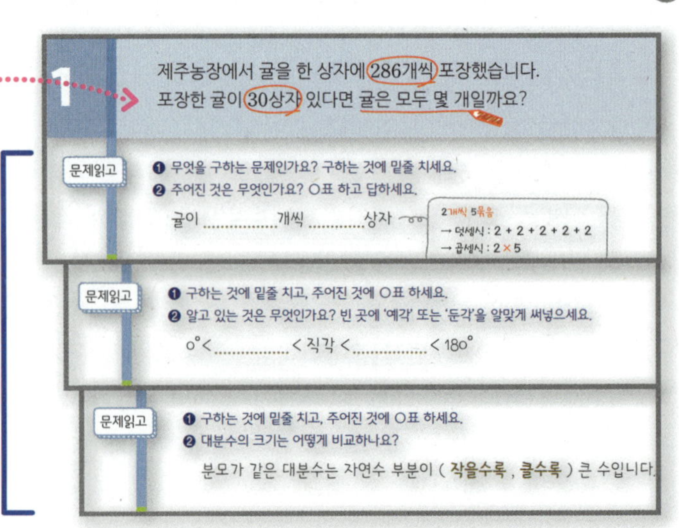

절차학습법으로 문제해결 능력 강화

수학 문장제, 어떤 절차에 따라 풀어야 할까요? 수학 문장제를 푸는 방법은 길을 찾는 과정과 같습니다.

1 우선 어디로 가려고 하는지 **목적지**를 알아야 합니다.
제주도로 가야 하는데 서울을 향해 출발하면 안 되겠죠?

1단계 문제에서 **구하는 것**이 무엇인지 알아봅니다.

2 출발하기 전 준비물, 주의사항 등을 살펴보며 **출발 준비**를 합니다.
동생과 함께 가야 하는데 혼자 출발하거나, 제주도까지 배를 타고
가야 하는데 비행기 표를 사면 안 되니까요.

2단계 문제에서 **주어진 것(조건)**이 무엇인지 알아봅니다.

3 목적지까지 가는 길(순서, 노선)을 확인하고, **목적지까지 갑니다.**
혹시라도 중간에 길을 잃어버리거나 길이 막혀 있다고 해서 멈추
면 안 돼요.

3단계 문제해결 **방법을 생각**한 다음
순서에 따라 **문제를 풉니다.**

4 마지막으로 목적지에 맞게 왔는지 다시 한번 **확인**합니다.

4단계 답이 맞는지 **검토**합니다.

위와 같이 4단계 문제해결 과정에 따라 수학 문장제를 푸는 훈련을 하면
문제해결력과 풀이쓰는 방법을 효과적으로 익힐 수 있습니다.

절차학습법

▶4단계 문제해결 과정

❶ 구하는 것을 아는 단계

❷ 주어진 것을 아는 단계

❸ 문제를 해결하는 단계
절차에 따라 문제를 해결하면서
식을 정확하게 쓰는 훈련을 합니다.

❹ 답을 검토하는 단계

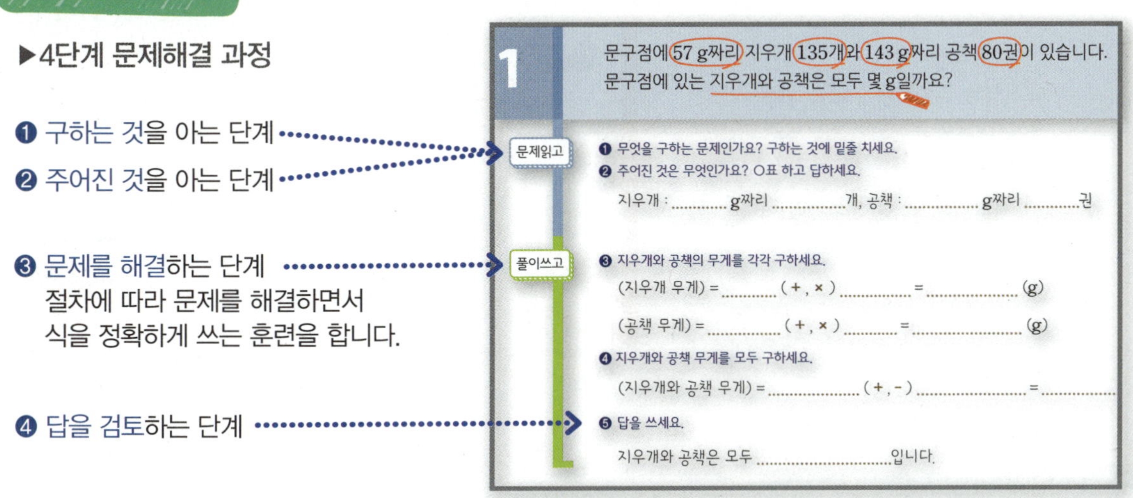

이 책의 활용

학습관리

학습계획을 세우고, 자기평가를 기록해요.

한 단원 학습에 들어가기 전 공부할 내용을 미리 확인하면서 공부계획을 세워 보세요.

매일 1일 학습, 일주일 3일 학습 등 나의 상황에 맞게, 공부할 양을 스스로 정하고 날짜를 기록합니다.

계획대로 잘 공부했는지 스스로 평가하는 것도 잊지 마세요.

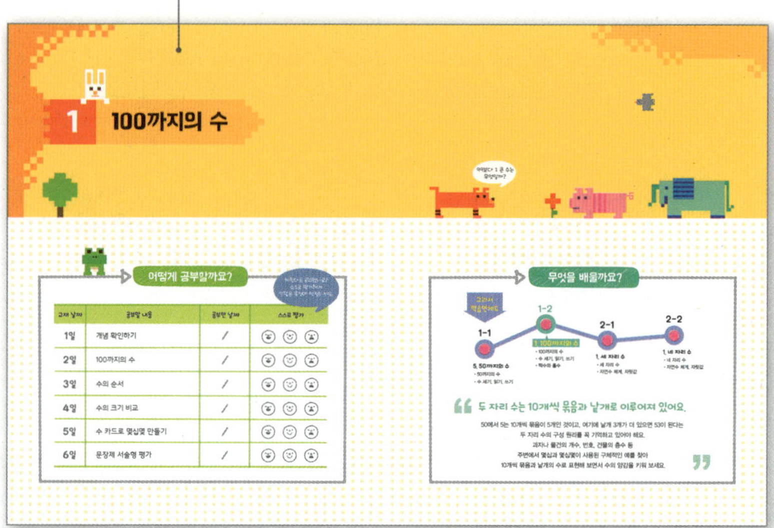

준비학습

기본 개념을 알고 있는지 확인해요.

이 단원의 문장제를 풀기 위해 꼭 알고 있어야 할 핵심 개념을 문제를 통해 확인해 보세요.

교과서와 익힘책에 나오는 가장 기본적인 문제들로 구성되어 있으므로 이 부분이 부족한 학생들은 해당 단원의 교과서와 익힘책을 더 공부하고 본 학습을 시작하는 것이 좋습니다.

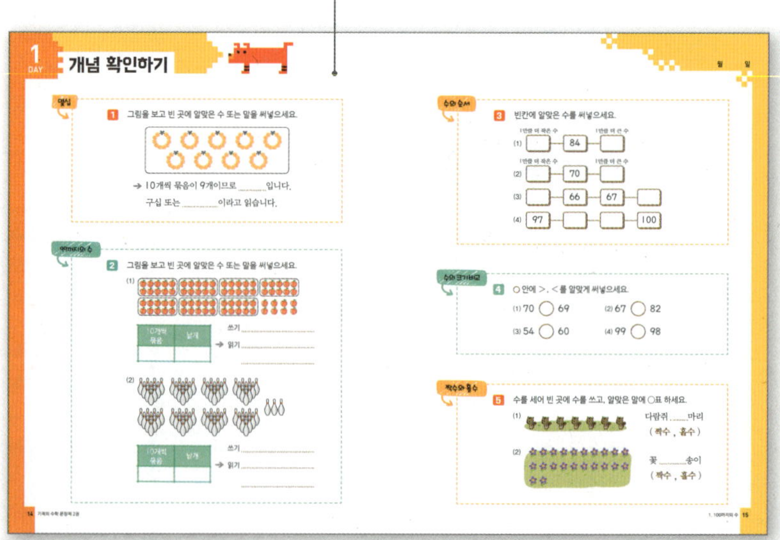

유형훈련

대표 유형을 집중 훈련해요.

같이 풀어요.

문제마다 핵심어에 밑줄을 긋고, 동그라미를 하면서 핵심어독해법을 자연스럽게 익혀 보세요.
또, 풀이에 제시된 순서대로 답을 하면서 절차학습법을 훈련해요.

혼자 풀어요.

앞에서 배운 동일 유형, 동일 난이도의 문제를 스스로 풀어 보세요. 주어진 과정에 따라 풀이를 쓰면서 문제 풀이 뿐 아니라 서술형 답안 작성에 대한 훈련도 동시에 해요.

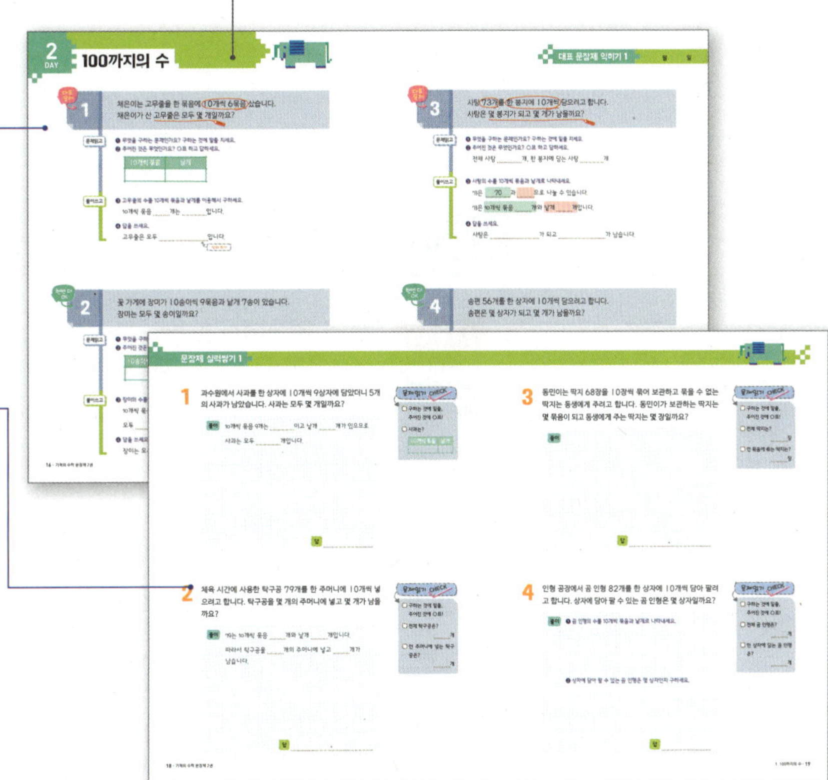

평가

잘 공부했는지 확인해요.

이 단원을 잘 공부했는지 성취도를 평가하며 마무리하는 단계예요.
학교에서 시험을 보는 것처럼 풀이 과정을 정확하게 쓰는 연습을 하면 좋습니다. 정답과 풀이에 있는 [채점 기준]과 비교하여 빠진 부분은 없는지 꼼꼼히 확인해 보세요.

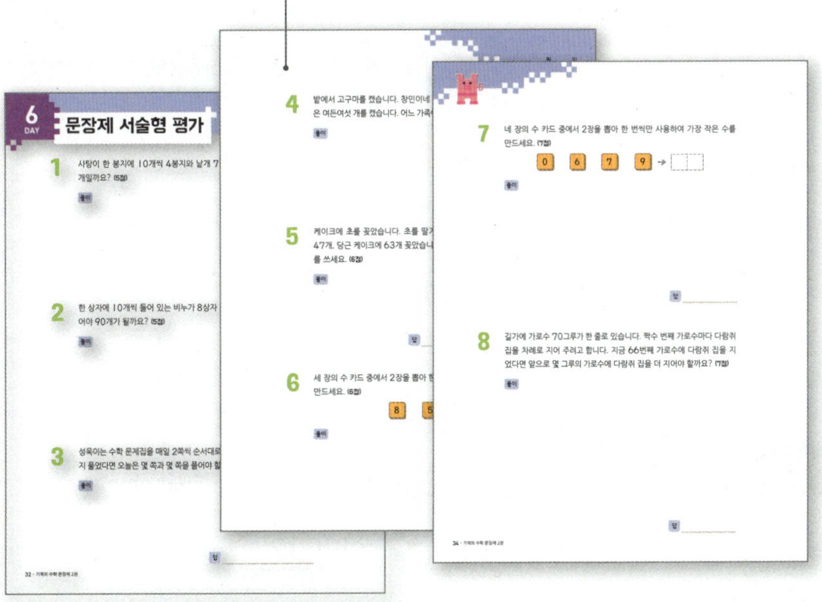

차례

1 100까지의 수

교재 날짜	공부할 내용	공부한 날짜	스스로 평가		
1일	개념 확인하기	/	☺	☺	☹
2일	100까지의 수	/	☺	☺	☹
3일	수의 순서	/	☺	☺	☹
4일	수의 크기 비교	/	☺	☺	☹
5일	수 카드로 몇십몇 만들기	/	☺	☺	☹
6일	문장제 서술형 평가	/	☺	☺	☹

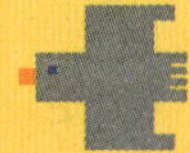

무엇을 배울까요?

교과서
학습연계도

1-1

5. 50까지의 수
- 50까지의 수
- 수 세기, 읽기, 쓰기

1-2

1. 100까지의 수
- 100까지의 수
- 수 세기, 읽기, 쓰기
- 짝수와 홀수

2-1

1. 세 자리 수
- 세 자리 수
- 자연수 체계, 자릿값

2-2

1. 네 자리 수
- 네 자리 수
- 자연수 체계, 자릿값

두 자리 수는 10개씩 묶음과 낱개로 이루어져 있어요.

50에서 5는 10개씩 묶음이 5개인 것이고, 여기에 낱개 3개가 더 있으면 53이 된다는
두 자리 수의 구성 원리를 꼭 기억하고 있어야 해요.
과자나 물건의 개수, 번호, 건물의 층수 등
주변에서 몇십과 몇십몇이 사용된 구체적인 예를 찾아
10개씩 묶음과 낱개의 수로 표현해 보면서 수의 양감을 키워 보세요.

몇십

1 그림을 보고 빈 곳에 알맞은 수 또는 말을 써넣으세요.

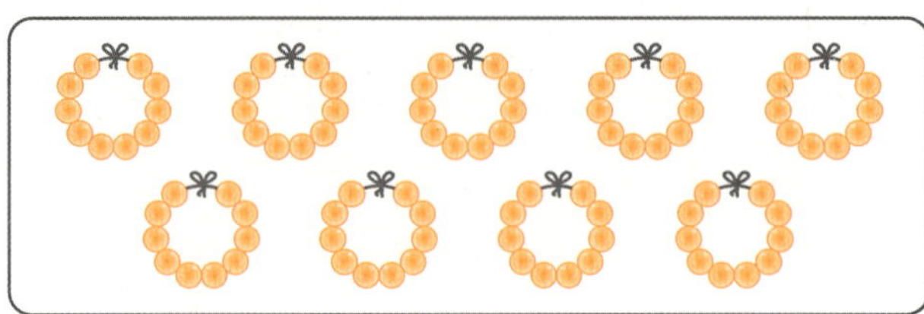

→ 10개씩 묶음이 9개이므로 .... 입니다.

구십 또는 .... 이라고 읽습니다.

99까지의 수

2 그림을 보고 빈 곳에 알맞은 수 또는 말을 써넣으세요.

(1)

10개씩 묶음	낱개

쓰기 ....

→ 읽기 ....

....

(2)

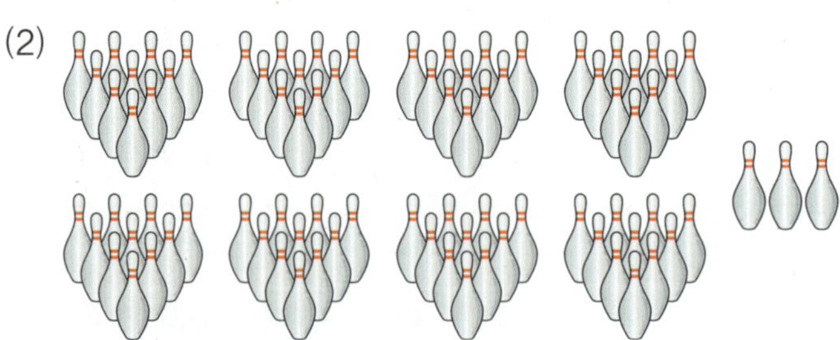

10개씩 묶음	낱개

쓰기 ....

→ 읽기 ....

....

3 빈칸에 알맞은 수를 써넣으세요.

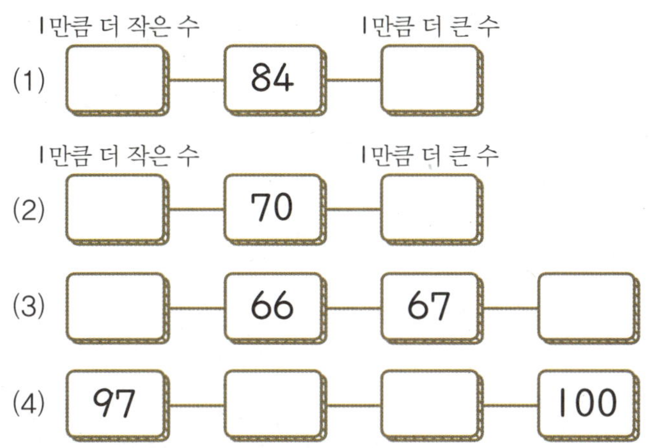

(1) 1만큼 더 작은 수 — 84 — 1만큼 더 큰 수

(2) 1만큼 더 작은 수 — 70 — 1만큼 더 큰 수

(3) ☐ — 66 — 67 — ☐

(4) 97 — ☐ — ☐ — 100

4 ○ 안에 >, <를 알맞게 써넣으세요.

(1) 70 ◯ 69   (2) 67 ◯ 82

(3) 54 ◯ 60   (4) 99 ◯ 98

5 수를 세어 빈 곳에 수를 쓰고, 알맞은 말에 ◯표 하세요.

(1) 

다람쥐 ....마리

(짝수 , 홀수)

(2)

꽃 ....송이

(짝수 , 홀수)

100까지의 수

대표문제

1 채은이는 고무줄을 한 묶음에 10개씩 6묶음 샀습니다.
채은이가 산 고무줄은 모두 몇 개일까요?

문제읽고

❶ 무엇을 구하는 문제인가요? 구하는 것에 밑줄 치세요.

❷ 주어진 것은 무엇인가요? ○표 하고 답하세요.

10개씩 묶음	낱개

풀이쓰고

❸ 고무줄의 수를 10개씩 묶음과 낱개를 이용해서 구하세요.

10개씩 묶음 _______ 개는 _________ 입니다.

❹ 답을 쓰세요.

고무줄은 모두 _____________________ 입니다.

한번 더 OK

2 꽃 가게에 장미가 10송이씩 9묶음과 낱개 7송이 있습니다.
장미는 모두 몇 송이일까요?

문제읽고

❶ 무엇을 구하는 문제인가요? 구하는 것에 밑줄 치세요.

❷ 주어진 것은 무엇인가요? ○표 하고 답하세요.

10송이씩 묶음	낱개

풀이쓰고

❸ 장미의 수를 10개씩 묶음과 낱개를 이용해서 구하세요.

10개씩 묶음 9개는 _________ 이고 낱개 _________ 개가 있으므로

모두 _______ 입니다.

❹ 답을 쓰세요.

장미는 모두 _____________________ 입니다.

대표문제 3

사탕 73개를 한 봉지에 10개씩 담으려고 합니다.
사탕은 몇 봉지가 되고 몇 개가 남을까요?

문제읽고

❶ 무엇을 구하는 문제인가요? 구하는 것에 밑줄 치세요.
❷ 주어진 것은 무엇인가요? ○표 하고 답하세요.

전체 사탕 .... 개, 한 봉지에 담는 사탕 .... 개

풀이쓰고

❸ 사탕의 수를 10개씩 묶음과 낱개로 나타내세요.

73은   70   과   ....   으로 나눌 수 있습니다.

73은 10개씩 묶음 .... 개와 낱개 .... 개입니다.

❹ 답을 쓰세요.

사탕은 .... 가 되고 .... 가 남습니다.

한번 더 OK 4

송편 56개를 한 상자에 10개씩 담으려고 합니다.
송편은 몇 상자가 되고 몇 개가 남을까요?

문제읽고

❶ 무엇을 구하는 문제인가요? 구하는 것에 밑줄 치세요.
❷ 주어진 것은 무엇인가요? ○표 하고 답하세요.

전체 송편 .... 개, 한 상자에 담는 송편 .... 개

풀이쓰고

❸ 송편의 수를 10개씩 묶음과 낱개로 나타내세요.

56은 .... 과   6   으로 나눌 수 있습니다.

56은 10개씩 묶음 .... 개와 낱개 .... 개입니다.

❹ 답을 쓰세요.

송편은 .... 가 되고 .... 가 남습니다.

1 과수원에서 사과를 한 상자에 I0개씩 9상자에 담았더니 5개의 사과가 남았습니다. 사과는 모두 몇 개일까요?

풀이 I0개씩 묶음 9개는 .... 이고 낱개 .... 개가 있으므로

사과는 모두 .... 개입니다.

답 ....

문제읽기 CHECK

☐ 구하는 것에 밑줄,
주어진 것에 ○표!

☐ 사과는?

I0개씩 묶음	낱개

2 체육 시간에 사용한 탁구공 79개를 한 주머니에 I0개씩 넣으려고 합니다. 탁구공을 몇 개의 주머니에 넣고 몇 개가 남을까요?

풀이 79는 I0개씩 묶음 .... 개와 낱개 .... 개입니다.

따라서 탁구공을 .... 개의 주머니에 넣고 .... 개가 남습니다.

답 .... ,

문제읽기 CHECK

☐ 구하는 것에 밑줄,
주어진 것에 ○표!

☐ 전체 탁구공은?
.... 개

☐ 한 주머니에 넣는 탁구공은?
.... 개

3 동민이는 딱지 68장을 10장씩 묶어 보관하고 묶을 수 없는 딱지는 동생에게 주려고 합니다. 동민이가 보관하는 딱지는 몇 묶음이 되고 동생에게 주는 딱지는 몇 장일까요?

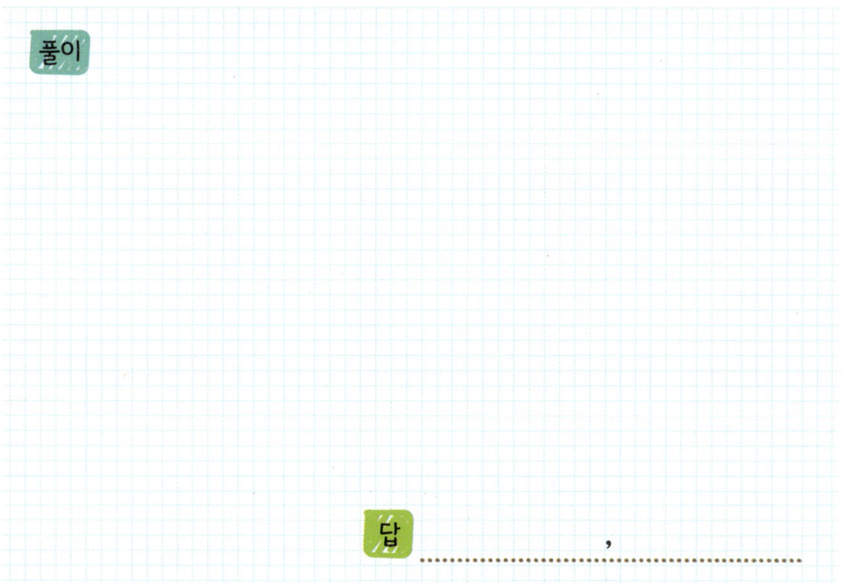

풀이

답 ________________ , ________________

4 인형 공장에서 곰 인형 82개를 한 상자에 10개씩 담아 팔려고 합니다. 상자에 담아 팔 수 있는 곰 인형은 몇 상자일까요?

풀이 ❶ 곰 인형의 수를 10개씩 묶음과 낱개로 나타내세요.

❷ 상자에 담아 팔 수 있는 곰 인형은 몇 상자인지 구하세요.

답 ····························

수의 순서

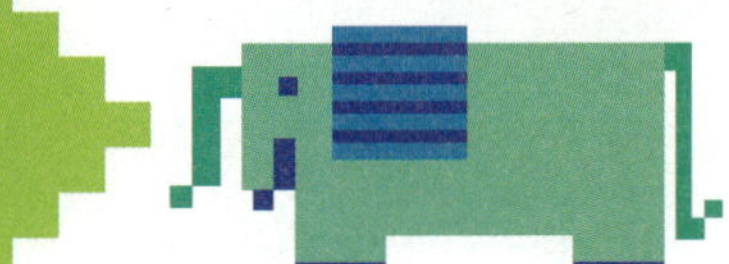

대표문제

1

100개의 도미노에 번호를 붙여서 순서대로 놓았습니다.
해솔이는 94번 도미노를 뽑았고,
은지는 해솔이의 도미노보다 I만큼 더 작은 수의 번호를 뽑았습니다.
은지가 뽑은 도미노는 몇 번일까요?

문제읽고

❶ 무엇을 구하는 문제인가요? 구하는 것에 밑줄 치세요.
❷ 주어진 것은 무엇인가요? ○표 하고 답하세요.

해솔 : .... 번, 은지 : 해솔이보다 .... 만큼 더 작은 수를 뽑았습니다.

풀이쓰고

❸ 94보다 1만큼 더 작은 수를 구하세요.

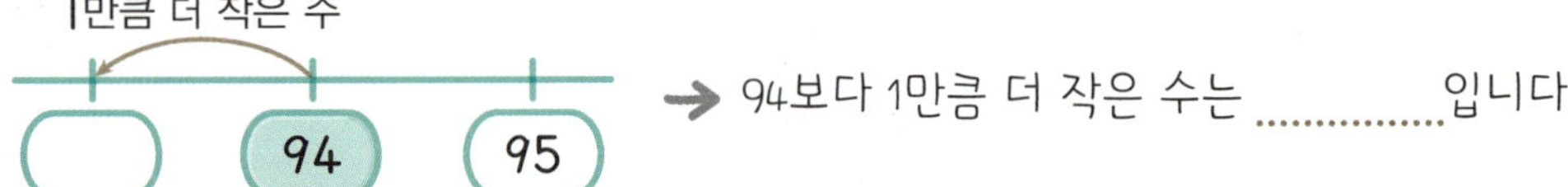

→ 94보다 1만큼 더 작은 수는 .... 입니다.

❹ 답을 쓰세요.   은지가 뽑은 도미노는 .... 입니다.

한번 더 OK

2

할머니는 여든여섯 살입니다.
할아버지는 할머니보다 I살 더 많습니다.
할아버지의 나이는 몇 살일까요?

문제읽고

❶ 무엇을 구하는 문제인가요? 구하는 것에 밑줄 치세요.
❷ 주어진 것은 무엇인가요? ○표 하고 답하세요.

할머니 : .... 살, 할아버지 : 할머니보다 .... 살 더 많습니다.

수로 쓰기

풀이쓰고

❸ 86보다 1만큼 더 큰 수를 구하세요.

→ 86보다 1만큼 더 큰 수는 .... 입니다.

❹ 답을 쓰세요.   할아버지의 나이는 .... 입니다.

3

주말 농장에서 감자를 준호는 67개 민정이는 69개 캤습니다.
영재는 준호와 민정이가 캔 감자의 수 사이에 있는 수만큼 캤습니다.
영재가 캔 감자는 몇 개일까요?

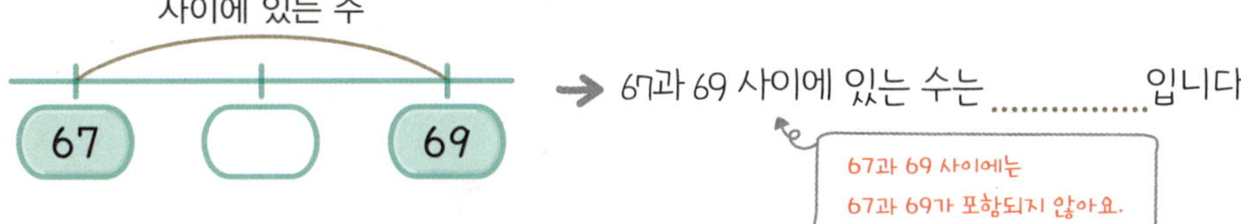

문제읽고

❶ 구하는 것에 밑줄 치고, 주어진 것에 ○표 하세요.

❷ 준호와 민정이가 캔 감자는 각각 몇 개인가요?

준호 .... 개, 민정 .... 개

풀이쓰고

❸ 67과 69 사이에 있는 수를 구하세요.

사이에 있는 수

67 ◯ 69

→ 67과 69 사이에 있는 수는 .... 입니다.

67과 69 사이에는
67과 69가 포함되지 않아요.

❹ 답을 쓰세요.

영재가 캔 감자는 .... 입니다.

4

78과 82 사이에 있는 수는 모두 몇 개일까요?

문제읽고

❶ 무엇을 구하는 문제인가요? 구하는 것에 밑줄 치고, 알맞은 것에 ○표 하세요.

78과 82 (**사이에 있는 수** , **사이에 있는 수의 개수**)를 구합니다.

풀이쓰고

❷ 78과 82 사이에 있는 수를 구하세요.

사이에 있는 수

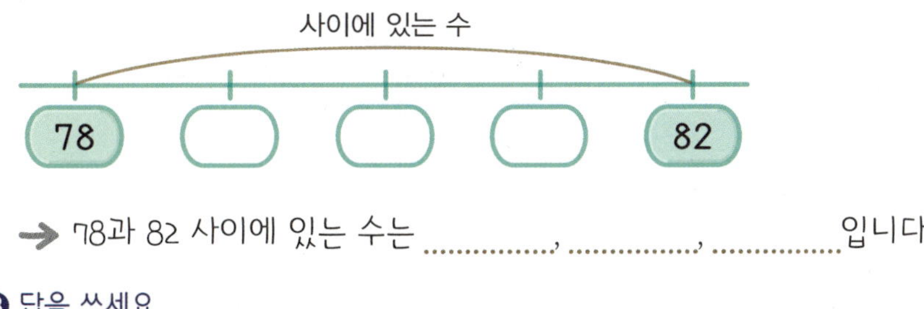

78 ◯ ◯ ◯ 82

→ 78과 82 사이에 있는 수는 ...., ..., ... 입니다.

❸ 답을 쓰세요.

78과 82 사이에 있는 수는 모두 .... 입니다.

1 ㉮ 빌딩은 ㉯ 빌딩보다 1층 높습니다. ㉮ 빌딩이 89층일 때, ㉯ 빌딩은 몇 층일까요?

풀이

❶ 알맞은 말에 ○표 하세요.

㉮ 빌딩이 ㉯ 빌딩보다 1층 (**높으므로** , **낮으므로**)

㉯ 빌딩은 ㉮ 빌딩보다 1층 (**높습니다** , **낮습니다**).

❷ ㉯ 빌딩은 몇 층인지 구하세요.

89보다 1만큼 더 (**작은** , **큰**) 수는 .... 이므로

㉯ 빌딩은 .... 층입니다.

답 ....

2 원우, 지민, 성주가 공연장에 갔습니다. 원우의 자리는 73번이고 지민이의 자리는 75번입니다. 성주는 원우와 지민이 자리 사이에 앉았습니다. 성주의 자리는 몇 번일까요?

풀이

답 ....

3 85와 93 사이에 있는 수는 모두 몇 개일까요?

풀이

❶ 85와 93 사이에 있는 수를 모두 쓰세요.

❷ 85와 93 사이에 있는 수의 개수를 구하세요.

답

4 현서가 탄 엘리베이터는 모든 짝수 층에서 문이 열리고, 홀수 층에서는 열리지 않습니다. 이 엘리베이터는 올라가는 중이고, 지금 58층에 섰다면 다음번에 문이 열리는 층수는 몇 층일까요?

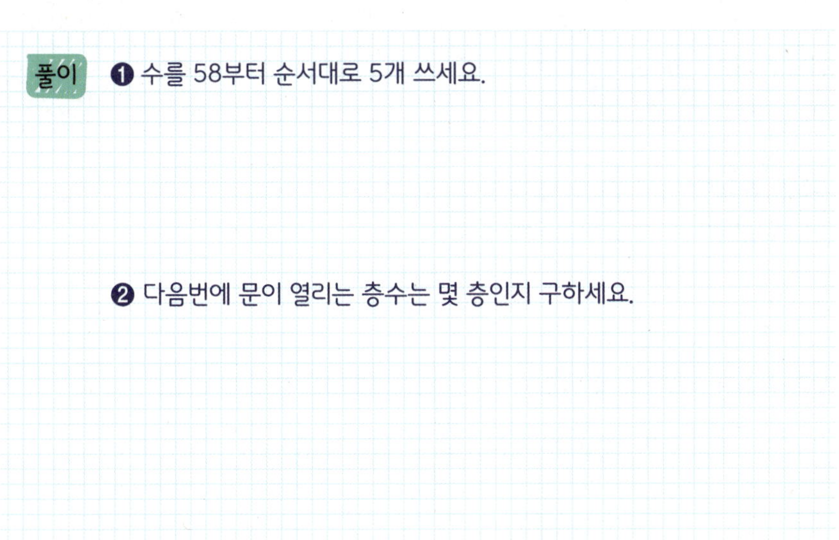

풀이

❶ 수를 58부터 순서대로 5개 쓰세요.

❷ 다음번에 문이 열리는 층수는 몇 층인지 구하세요.

답

수의 크기 비교

대표문제

1 복숭아를 태준이는 95개 땄고, 태영이는 79개 땄습니다.
누가 복숭아를 더 많이 땄을까요?

문제읽고

❶ 무엇을 구하는 문제인가요? 구하는 것에 밑줄 치세요.

❷ 주어진 것은 무엇인가요? ○표 하고 답하세요.

태준이가 딴 복숭아 ＿＿＿＿＿개, 태영이가 딴 복숭아 ＿＿＿＿＿개

풀이쓰고

❸ 두 사람이 딴 복숭아 수의 크기를 비교하여 >, <로 나타내세요.

태준 : **95** – 10개씩 묶음이 ＿＿＿＿개

태영 : **79** – 10개씩 묶음이 ＿＿＿＿개

10개씩 묶음을 비교하면 9 ◯ 7이므로 95 ◯ 79입니다.

❹ 답을 쓰세요.

＿＿＿＿＿＿＿이가 복숭아를 더 많이 땄습니다.

한번 더 OK

2 문구점 진열장에 국어 공책은 63권, 종합장은 66권 꽂혀 있습니다.
진열장에 더 많이 꽂혀 있는 것은 무엇일까요?

문제읽고

❶ 무엇을 구하는 문제인가요? 구하는 것에 밑줄 치세요.

❷ 주어진 것은 무엇인가요? ○표 하고 답하세요.

국어 공책 ＿＿＿＿＿권, 종합장 ＿＿＿＿＿권

풀이쓰고

❸ 국어 공책과 종합장 수의 크기를 비교하여 >, <로 나타내고 ○표 하세요.

63 ◯ 66이므로 (**국어 공책 수** , **종합장 수**)가 더 큽니다.

❹ 답을 쓰세요.

진열장에 더 많이 꽂혀 있는 것은 ＿＿＿＿＿＿＿입니다.

3

과수원 창고에 사과와 배를 보관 중입니다.
사과는 83개, 배는 아흔 개 있습니다.
더 적게 보관 중인 과일은 무엇일까요?

문제읽고

❶ 무엇을 구하는 문제인가요? 구하는 것에 밑줄 치세요.
❷ 주어진 것은 무엇인가요? ○표 하고 답하세요.

　　사과 .... 개, 배 　**아흔**　 개

풀이쓰고

❸ 배의 수를 숫자로 나타내세요.

　　아흔을 숫자로 나타내면 .... 입니다.

❹ 사과와 배의 수의 크기를 비교하여 >, <로 나타내고 ○표 하세요.

　　83 ◯ 90이므로 (**사과의 수** , **배의 수**)가 더 작습니다.

❺ 답을 쓰세요.

　　더 적게 보관 중인 과일은 .... 입니다.

4

동화책을
예준이는 82쪽, 승훈이는 87쪽, 다빈이는 78쪽 읽었습니다.
동화책을 가장 적게 읽은 사람은 누구일까요?

문제읽고

❶ 무엇을 구하는 문제인가요? 구하는 것에 밑줄 치세요.
❷ 주어진 것은 무엇인가요? ○표 하고 답하세요.

　　예준 .... 쪽, 승훈 .... 쪽, 다빈 .... 쪽

풀이쓰고

❸ 예준, 승훈, 다빈이가 읽은 쪽수를 비교하여 작은 수부터 차례로 쓰세요.

　　82, 87, 78을 작은 수부터 차례로 쓰면 .... < .... < .... 입니다.

❹ 답을 쓰세요.

　　동화책을 가장 적게 읽은 사람은 .... 입니다.

1 학교 미술실 책상 위에 물감은 낱개로 85개, 붓은 89자루 놓여 있습니다. 책상 위에 더 많이 놓여 있는 것은 무엇일까요?

풀이 85 ◯ 89이므로

더 많이 놓여 있는 것은 ....입니다.

답 ....

2 바둑통 안에 검은색 바둑돌이 86개, 흰색 바둑돌이 76개 담겨 있습니다. 어느 바둑돌이 더 적게 담겨 있을까요?

풀이

답 ....

3 민수네 동아리 학생은 10명씩 줄을 세우면 5줄이 되고 4명이 남습니다. 여진이네 동아리 학생이 63명이라면 어느 동아리 학생이 더 적을까요?

풀이

❶ 민수네 동아리 학생은 몇 명인가요?

10명씩 5줄과 4명은 ＿＿＿＿＿＿ 명입니다.

❷ 민수와 여진이네 동아리 학생 수의 크기를 비교하세요.

54 ◯ 63이므로

＿＿＿＿＿＿ 네 동아리 학생이 더 적습니다.

답 ＿＿＿＿＿＿＿＿＿＿＿＿＿＿＿＿＿＿

4 승준, 연경, 혜주가 줄넘기를 하였습니다. 승준이는 93번, 연경이는 여든아홉 번을 넘었고, 혜주는 승준이보다 1번 더 많이 넘었습니다. 줄넘기를 많이 넘은 순서대로 이름을 쓰세요.

풀이

❶ 연경이와 혜주가 넘은 줄넘기 수를 숫자로 나타내세요.

❷ 세 사람이 넘은 줄넘기 수의 크기를 비교하여 줄넘기를 많이 넘은 순서대로 이름을 쓰세요.

답 ＿＿＿＿＿＿＿＿＿＿＿＿＿＿＿＿＿＿

수 카드로 몇십몇 만들기

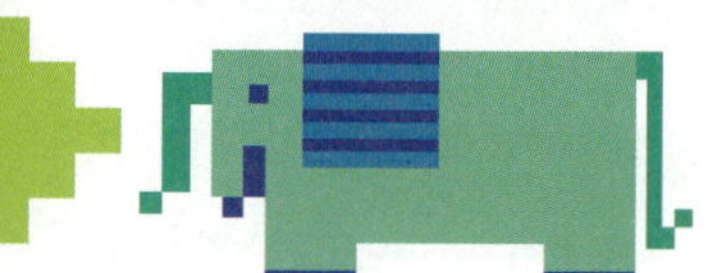

대표 문제

1

세 장의 수 카드 중에서 2장을 뽑아 한 번씩만 사용하여
가장 큰 몇십몇을 만드세요.

| 3 | 5 | 9 |

문제읽고

❶ 구하는 것에 밑줄 치고, 주어진 것에 ◯표 하세요.

❷ 가장 큰 수를 만들려면 어떻게 해야 하나요?

10개씩 묶음의 수가 클수록 큰 수입니다.

→ 앞에서부터 차례로 (**큰** , **작은**) 수를 놓습니다.

풀이쓰고

❸ 가장 큰 몇십몇을 만드세요.

10개씩 묶음에 가장 큰 수인 ....를 놓고

낱개에 둘째로 큰 수인 ....를 놓습니다.

10개씩
묶음   낱개

❹ 답을 쓰세요.

가장 큰 몇십몇은 ....입니다.

한번 더 OK

2

네 장의 수 카드 중에서 2장을 뽑아 한 번씩만 사용하여
가장 큰 몇십몇을 만드세요.

| 7 | 5 | 6 | 1 |

문제읽고

❶ 구하는 것에 밑줄 치고, 주어진 것에 ◯표 하세요.

풀이쓰고

❷ 가장 큰 몇십몇을 만드세요.

10개씩 묶음에 가장 큰 수인 ....을 놓고

낱개에 둘째로 큰 수인 ....을 놓습니다.

10개씩
묶음   낱개

❸ 답을 쓰세요.

가장 큰 몇십몇은 ....입니다.

3 (대표문제)

세 장의 수 카드 중에서 **2**장을 뽑아 한 번씩만 사용하여
가장 작은 몇십몇을 만드세요.

9   2   3

문제읽고

❶ 구하는 것에 밑줄 치고, 주어진 것에 ○표 하세요.
❷ 가장 작은 수를 만들려면 어떻게 해야 하나요?

10개씩 묶음의 수가 작을수록 작은 수입니다.

➔ 앞에서부터 차례로 (**큰** , **작은**) 수를 놓습니다.

풀이쓰고

❸ 가장 작은 몇십몇을 만드세요.

10개씩 묶음에 가장 작은 수인 .... 를 놓고

낱개에 둘째로 작은 수인 .... 을 놓습니다.

❹ 답을 쓰세요.   가장 작은 몇십몇은 .... 입니다.

4 (한단계 UP)

세 장의 수 카드 중에서 **2**장을 뽑아 한 번씩만 사용하여
가장 작은 수를 만드세요.

0   4   8 → ☐

문제읽고

❶ 구하는 것에 밑줄 치고, 주어진 것에 ○표 하세요.
❷ 맨 앞에 놓을 수 없는 수는 무엇인가요?

○3, ○9, ○5……는 몇십몇이 아니므로 맨 앞에 .... 을 놓을 수 없습니다.

풀이쓰고

❸ 가장 작은 수를 만드세요.

10개씩 묶음에 둘째로 작은 수인 .... 를 놓고

낱개에 가장 작은 수인 .... 을 놓습니다.

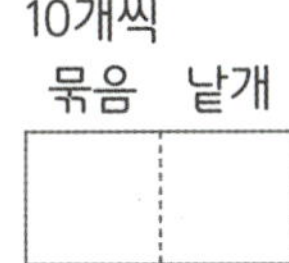

❹ 답을 쓰세요.

가장 작은 수는 .... 입니다.

1 세 장의 수 카드 중에서 2장을 뽑아 한 번씩만 사용하여 가장 큰 몇십몇을 만드세요.

| 5 | 7 | 2 |

풀이 10개씩 묶음에 가장 큰 수인 .... 을 놓고

낱개에 둘째로 큰 수인 .... 를 놓습니다.

따라서 가장 큰 몇십몇은 .... 입니다.

답 ....

문제읽기 CHECK

☐ 구하는 것에 밑줄, 주어진 것에 ○표!

☐ 수 카드의 수를 큰 수부터 차례로 놓으면?

...... > ...... > ......

2 세 장의 수 카드 중에서 2장을 뽑아 한 번씩만 사용하여 가장 작은 수를 만드세요.

| 1 | 8 | 6 | → | | |

풀이

답 ....

문제읽기 CHECK

☐ 구하는 것에 밑줄, 주어진 것에 ○표!

☐ 수 카드의 수를 작은 수부터 차례로 놓으면?

...... < ...... < ......

3 세 장의 수 카드 중에서 2장을 뽑아 한 번씩만 사용하여 가장 큰 몇십몇을 만드세요.

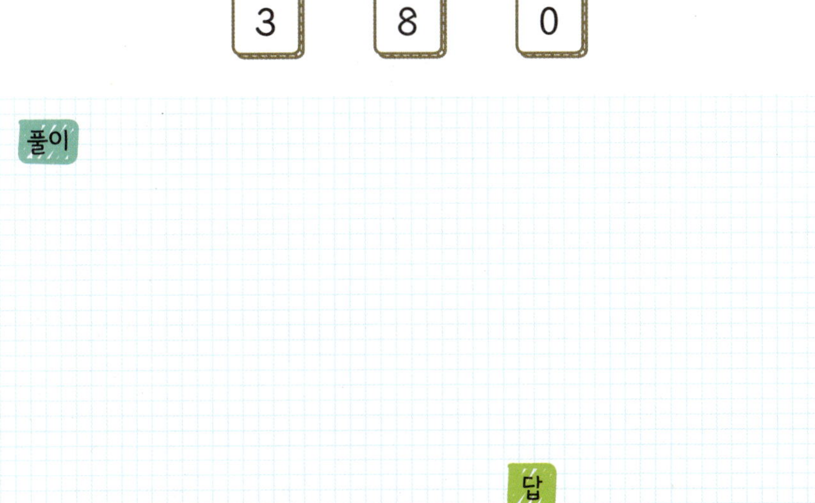

풀이

답 ....

☐ 구하는 것에 밑줄,
　주어진 것에 ○표!

☐ 수 카드의 수를 큰 수부
　터 차례로 놓으면?

　...... > ...... > ......

도전!

4 네 장의 수 카드 중에서 2장을 뽑아 한 번씩만 사용하여 몇십 몇을 만들려고 합니다. 만들 수 있는 수 중에서 가장 큰 수와 가장 작은 수를 차례로 구하세요.

풀이　❶ 가장 큰 몇십몇을 만드세요.

　❷ 가장 작은 몇십몇을 만드세요.

답 .... , ...

☐ 구하는 것에 밑줄,
　주어진 것에 ○표!

☐ 가장 큰 수는?
　(큰 , 작은) 수부터
　차례로 놓는다.

☐ 가장 작은 수는?
　(큰 , 작은) 수부터
　차례로 놓는다.

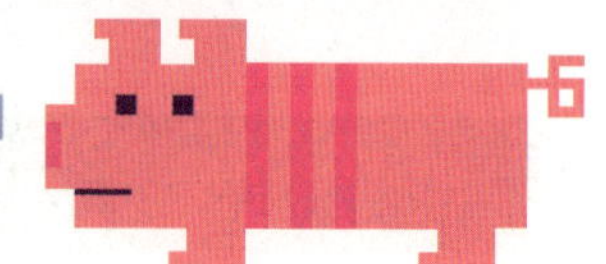

1 사탕이 한 봉지에 10개씩 4봉지와 낱개 7개 있습니다. 사탕은 모두 몇 개일까요? **(5점)**

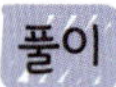 풀이

답 ....

2 한 상자에 10개씩 들어 있는 비누가 8상자 있습니다. 비누가 몇 개 더 있어야 90개가 될까요? **(5점)**

풀이

답 ....

3 성욱이는 수학 문제집을 매일 2쪽씩 순서대로 풀고 있습니다. 어제 79쪽까지 풀었다면 오늘은 몇 쪽과 몇 쪽을 풀어야 할까요? **(5점)**

풀이

답 ....

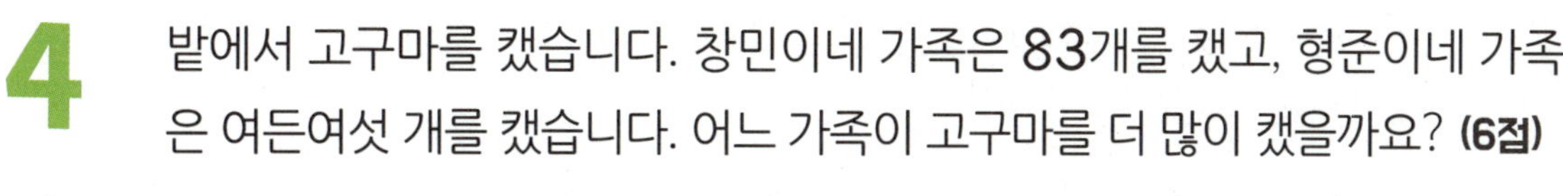

4 밭에서 고구마를 캤습니다. 창민이네 가족은 **83**개를 캤고, 형준이네 가족은 여든여섯 개를 캤습니다. 어느 가족이 고구마를 더 많이 캤을까요? **(6점)**

풀이

답 ....

5 케이크에 초를 꽂았습니다. 초를 딸기 케이크에 **65**개, 초콜릿 케이크에 **47**개, 당근 케이크에 **63**개 꽂았습니다. 초를 적게 꽂은 순서대로 케이크를 쓰세요. **(6점)**

풀이

답 ....

6 세 장의 수 카드 중에서 **2**장을 뽑아 한 번씩만 사용하여 가장 큰 몇십몇을 만드세요. **(6점)**

8	5	2

풀이

답 ....

7 네 장의 수 카드 중에서 **2**장을 뽑아 한 번씩만 사용하여 가장 작은 수를 만드세요. **(7점)**

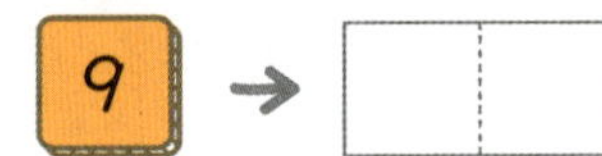

| 0 | 6 | 7 | 9 | → | | |

풀이

답 ....

8 길가에 가로수 **70**그루가 한 줄로 있습니다. 짝수 번째 가로수마다 다람쥐 집을 차례로 지어 주려고 합니다. 지금 **66**번째 가로수에 다람쥐 집을 지었다면 앞으로 몇 그루의 가로수에 다람쥐 집을 더 지어야 할까요? **(7점)**

풀이

답 ....

개구리를 도와 주세요

집으로 가는 길을 찾아 선으로 표시하세요.

개굴개굴~ 멀리서 엄마 개구리가 아기 개구리를 불러요.
이제 그만 놀고 집으로 돌아가야 해요.
그런데 아기 개구리가 집으로 돌아가는 길을 잊어버렸나 봐요.
아기 개구리가 집으로 돌아갈 수 있도록 도와 주세요.

덧셈과 뺄셈(1)

어떻게 공부할까요?

계획대로 공부했나요?
스스로 평가하여
알맞은 표정에 색칠하세요.

교재 날짜	공부할 내용	공부한 날짜	스스로 평가
7일	개념 확인하기	/	😃 🙂 😟
8일	10이 되는 더하기	/	😃 🙂 😟
9일	10에서 빼기	/	😃 🙂 😟
10일	몇을 더했는지, 몇을 뺐는지 구하기	/	😃 🙂 😟
11일	세 수의 덧셈과 뺄셈	/	😃 🙂 😟
12일	문장제 서술형 평가	/	😃 🙂 😟

무엇을 배울까요?

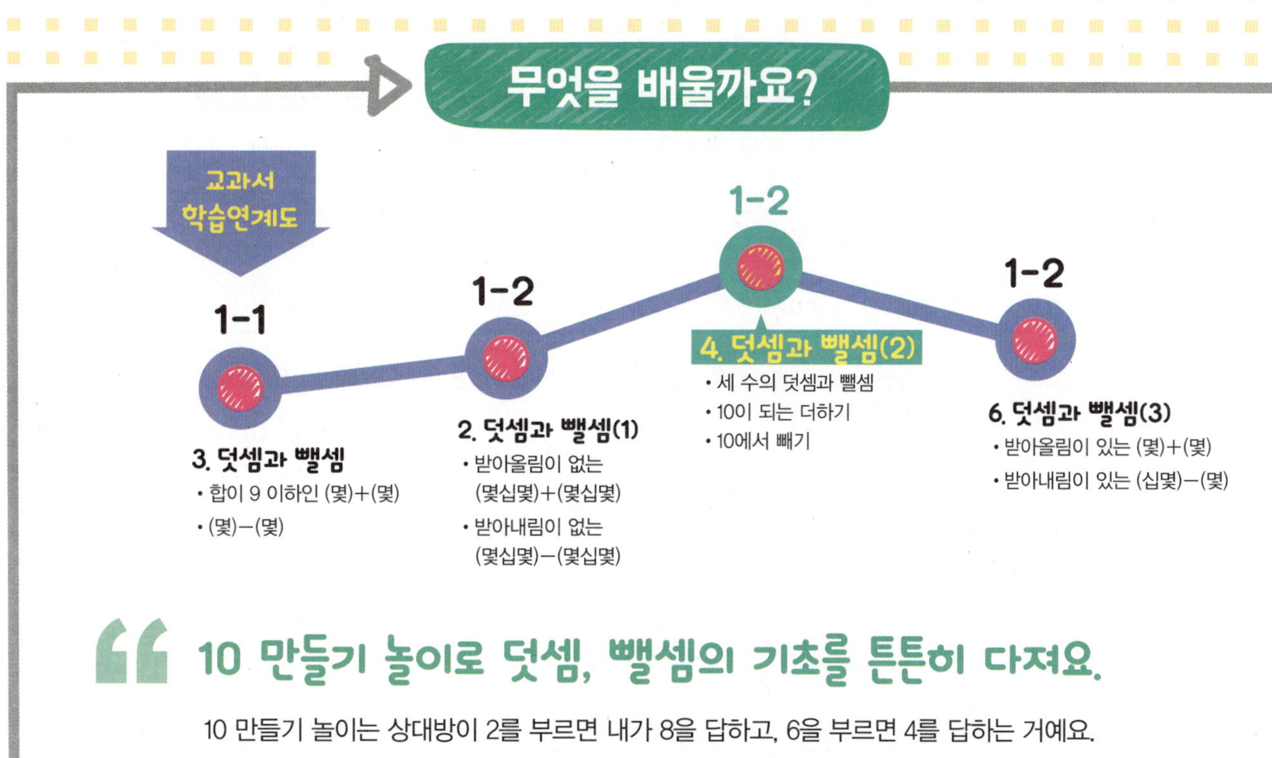

" 10 만들기 놀이로 덧셈, 뺄셈의 기초를 튼튼히 다져요.

10 만들기 놀이는 상대방이 2를 부르면 내가 8을 답하고, 6을 부르면 4를 답하는 거예요.
친구 또는 가족과 함께 10 만들기 놀이를 해 보세요. 합해서 10이 되는 두 수 찾기는
앞으로 배울 받아올림이 있는 덧셈, 받아내림이 있는 뺄셈을 하는 데 기초가 되는 중요한 내용이므로
10이 되는 두 수를 바로바로 답할 수 있을 때까지 충분히 연습하세요.

"

개념 확인하기

1 빈 곳에 알맞은 수를 써넣으세요.

(1) $3+5+1=$ _________

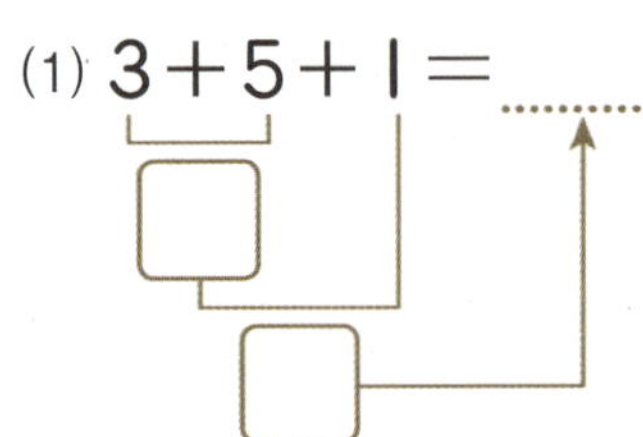

(2) $7-2-4=$ _________

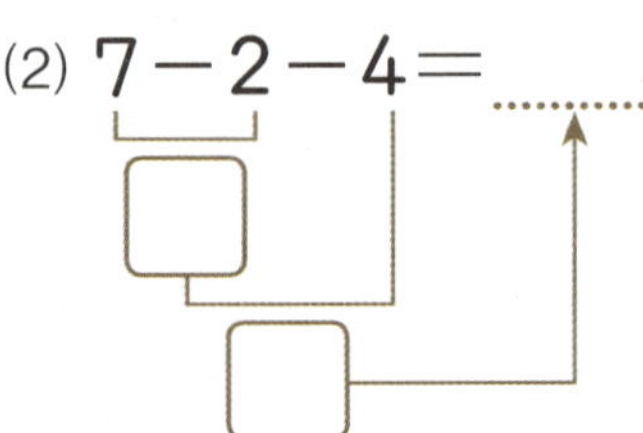

2 10이 되는 더하기를 하세요.

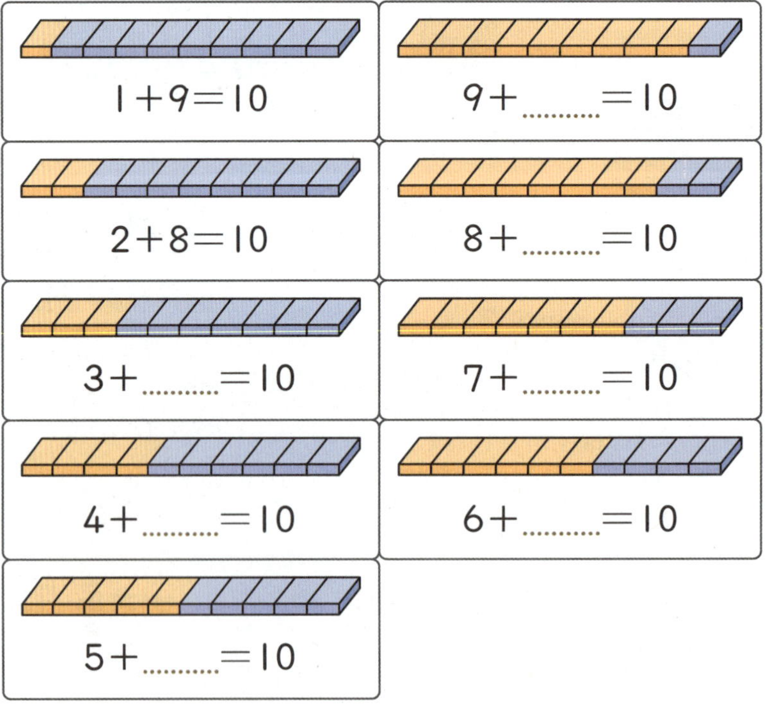

3 빈 곳에 알맞은 수를 써넣으세요.

(1) $2+$ _________ $=10$

(2) _________ $+3=10$

4 10에서 빼기를 하세요.

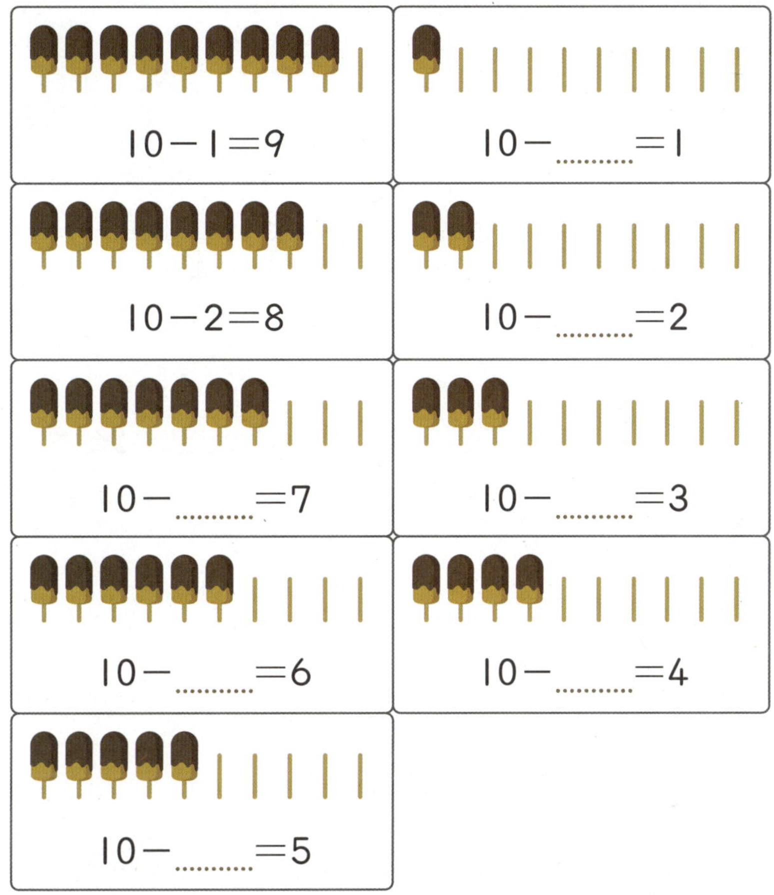

$10-1=9$

$10-\underline{}=1$

$10-2=8$

$10-\underline{}=2$

$10-\underline{}=7$

$10-\underline{}=3$

$10-\underline{}=6$

$10-\underline{}=4$

$10-\underline{}=5$

5 빈 곳에 알맞은 수를 써넣으세요.

(1) $10-6=\underline{}$ (2) $10-\underline{}=1$

6 합이 10이 되는 두 수를 ○로 표시하고, 합을 구하세요.

(1) $\textcircled{8}+\textcircled{2}+7=\underline{}$ (2) $5+5+3=\underline{}$

(3) $5+4+6=\underline{}$ (4) $6+3+7=\underline{}$

10이 되는 더하기

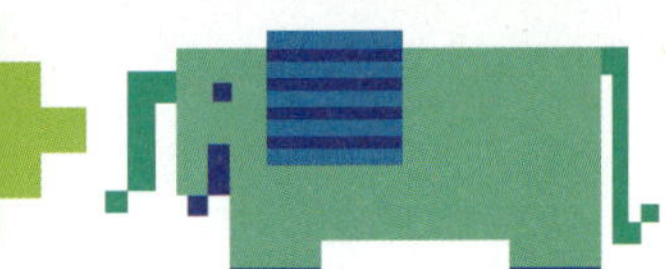

1

동물원에 수달이 7마리 있습니다.
오늘 수달 3마리가 더 태어났습니다.
수달은 모두 몇 마리일까요?

문제읽고

❶ 무엇을 구하는 문제인가요? 구하는 것에 밑줄 치세요.
❷ 주어진 것은 무엇인가요? ○표 하고 답하세요.

처음 수달의 수 .... 마리, 더 태어난 수달의 수 .... 마리

풀이쓰고

❸ 식을 쓰세요.

(전체 수달의 수) = ... (+ , −) .... = ... (마리)

❹ 답을 쓰세요.

수달은 모두 .... 입니다.

2

연필꽂이에 연필이 4자루 꽂혀 있었습니다.
연필 6자루를 새로 사서 연필꽂이에 더 꽂았습니다.
연필꽂이에 꽂혀 있는 연필은 모두 몇 자루가 되었나요?

문제읽고

❶ 무엇을 구하는 문제인가요? 구하는 것에 밑줄 치세요.
❷ 주어진 것은 무엇인가요? ○표 하고 답하세요.

처음 연필 수 .... 자루, 새로 산 연필 수 .... 자루

풀이쓰고

❸ 식을 쓰세요.

(전체 연필 수) = ... (+ , −) .... = ... (자루)

❹ 답을 쓰세요.

연필은 모두 .... 가 되었습니다.

3 영아네 모둠에는 남학생 **6명**과 여학생 **4명**이 있습니다.
영아네 모둠은 모두 몇 명일까요?

문제읽고

❶ 무엇을 구하는 문제인가요? 구하는 것에 밑줄 치세요.
❷ 주어진 것은 무엇인가요? ○표 하고 답하세요.

　　남학생 수 ＿＿＿＿ 명, 여학생 수 ＿＿＿＿ 명

풀이쓰고

❸ 식을 쓰세요.

　　(전체 학생 수) = ＿＿＿＿ (+ , -) ＿＿＿＿ = ＿＿＿＿ (명)

❹ 답을 쓰세요.

　　영아네 모둠은 모두 ＿＿＿＿＿＿＿＿＿ 입니다.

4 만두를 어머니와 아버지는 **4개**씩 먹고,
나는 **2개**를 먹었습니다.
부모님과 내가 먹은 만두는 모두 몇 개일까요?

문제읽고

❶ 구하는 것에 밑줄 치고, 주어진 것에 ○표 하세요.
❷ 어머니, 아버지, 내가 먹은 만두는 각각 몇 개인가요?

　　어머니 ＿＿＿＿ 개, 아버지 ＿＿＿＿ 개, 나 ＿＿＿＿ 개

풀이쓰고

❸ 부모님(어머니와 아버지)이 먹은 만두는 몇 개인지 구하세요.

　　(부모님이 먹은 만두 수) = ＿＿＿＿ (+ , -) ＿＿＿＿ = ＿＿＿＿ (개)

❹ 부모님과 내가 먹은 만두는 몇 개인지 구하세요.

　　(부모님과 내가 먹은 만두 수) = ＿＿＿＿ (+ , -) ＿＿＿＿ = ＿＿＿＿ (개)

❺ 답을 쓰세요.

　　부모님과 내가 먹은 만두는 모두 ＿＿＿＿＿＿＿＿＿ 입니다.

1 사과를 수진이는 9개 땄고, 철웅이는 수진이보다 1개 더 많이 땄습니다. 철웅이가 딴 사과는 몇 개일까요?

풀이 (철웅이가 딴 사과 수)
= (수진이가 딴 사과 수) (+ , −) (더 딴 사과 수)
= ....
= .... (개)

답 ....

문제읽기 CHECK

☐ 구하는 것에 밑줄,
  주어진 것에 ○표!

☐ 수진이가 딴 사과는?
  .... 개

☐ 철웅이가 딴 사과는?
  수진이보다 .... 개
  더 많다.

2 어항에 송사리가 3마리 있습니다. 오늘 송사리 7마리를 더 사서 넣었습니다. 어항에 있는 송사리는 모두 몇 마리일까요?

풀이

답 ....

문제읽기 CHECK

☐ 구하는 것에 밑줄,
  주어진 것에 ○표!

☐ 처음 송사리는?
  .... 마리

☐ 더 산 송사리는?
  .... 마리

3 지환이는 칭찬 붙임딱지를 지난주에 2장 모았고, 이번 주에 8장 모았습니다. 지환이가 지난주와 이번 주에 모은 칭찬 붙임딱지는 모두 몇 장일까요?

풀이

답 ....

4 사탕을 민용이는 아침에 3개, 점심에 2개 먹었고, 하연이는 한꺼번에 5개 먹었습니다. 민용이와 하연이가 먹은 사탕은 모두 몇 개일까요?

풀이 ❶ 민용이가 먹은 사탕은 모두 몇 개인지 구하세요.

❷ 민용이와 하연이가 먹은 사탕은 모두 몇 개인지 구하세요.

답 ....

10에서 빼기

대표 문제

1

혜승이는 공책을 10권 가지고 있었습니다.
그중에서 4권을 동생에게 주었습니다.
남은 공책은 몇 권일까요?

문제읽고

❶ 무엇을 구하는 문제인가요? 구하는 것에 밑줄 치세요.
❷ 주어진 것은 무엇인가요? ○표 하고 답하세요.

처음 공책 수 .... 권, 동생에게 준 공책 수 .... 권

풀이쓰고

❸ 식을 쓰세요.

(남은 공책 수) = ... (+ , −) .... = ... (권)

❹ 답을 쓰세요.

남은 공책은 .... 입니다.

한번 더 OK

2

운동장에서 10명의 어린이가 놀고 있었습니다.
그중에서 5명이 집으로 갔습니다.
운동장에 남아 있는 어린이는 몇 명일까요?

문제읽고

❶ 무엇을 구하는 문제인가요? 구하는 것에 밑줄 치세요.
❷ 주어진 것은 무엇인가요? ○표 하고 답하세요.

처음 어린이 수 .... 명, 집으로 간 어린이 수 .... 명

풀이쓰고

❸ 식을 쓰세요.

(남아 있는 어린이 수) = ... (+ , −) .... = ... (명)

❹ 답을 쓰세요.

운동장에 남아 있는 어린이는 .... 입니다.

대표 문제

3

원규는 연필 **⑩자루**를 선물 받았습니다.
원규가 가지고 있던 연필은 선물 받은 연필보다 **7자루 더 적습니다.**
원규가 가지고 있던 연필은 몇 자루일까요?

문제읽고

❶ 무엇을 구하는 문제인가요? 구하는 것에 밑줄 치세요.
❷ 주어진 것은 무엇인가요? ○표 하고 답하세요.

선물 받은 연필 : ＿＿＿＿＿자루,

가지고 있던 연필 : 선물 받은 연필보다 ＿＿＿＿자루 더 적습니다.

풀이쓰고

❸ 식을 쓰세요.

(가지고 있던 연필 수) = ＿＿＿＿＿ (+ , -) ＿＿＿＿ = ＿＿＿＿(자루)

❹ 답을 쓰세요.

가지고 있던 연필은 ＿＿＿＿＿＿＿＿입니다.

한단계 UP

4

가온이는 젤리 **2개**를 가지고 있습니다.
오늘 언니에게 젤리 **8개**를 받고, 은영이에게 **6개**를 주었습니다.
가온이에게 남은 젤리는 몇 개일까요?

문제읽고

❶ 구하는 것에 밑줄 치고, 주어진 것에 ○표 하세요.
❷ 가온이에게 남은 젤리가 몇 개인지 알려면 어떻게 해야 하나요?

받은 젤리 ＿＿＿개는 (**더하고** , **빼고**), 준 젤리 ＿＿＿개는 (**더합니다** , **뺍니다**).

풀이쓰고

❸ 언니에게 받은 다음 젤리는 몇 개인지 구하세요.

(언니에게 받은 다음 젤리 수) = ＿＿＿ (+ , -) ＿＿＿ = ＿＿＿ (개)

❹ 은영이에게 주고 남은 젤리는 몇 개인지 구하세요.

(남은 젤리 수) = ＿＿＿ (+ , -) ＿＿＿ = ＿＿＿ (개)

❺ 답을 쓰세요.

가온이에게 남은 젤리는 ＿＿＿＿＿＿＿입니다.

1 어머니께서 꿀떡 10개를 언니와 동생에게 나누어 먹으라고 주셨습니다. 그중에서 동생이 5개를 먹고, 나머지는 언니가 먹었습니다. 언니는 꿀떡을 몇 개 먹었을까요?

풀이 (언니가 먹은 꿀떡 수)

= (어머니께서 주신 꿀떡 수) (+ , −) (동생이 먹은 꿀떡 수)

= ....

= .... (개)

답 ....

문제읽기 CHECK

☐ 구하는 것에 밑줄, 주어진 것에 ○표!

☐ 전체 꿀떡은?
.... 개

☐ 동생이 먹은 꿀떡은?
.... 개

2 아윤이는 사탕 10개를 가지고 집으로 뛰어가다가 넘어졌습니다. 집에 와서 사탕의 수를 세어 보니 8개였습니다. 아윤이가 넘어지면서 잃어버린 사탕은 몇 개일까요?

풀이

답 ....

문제읽기 CHECK

☐ 구하는 것에 밑줄, 주어진 것에 ○표!

☐ 처음 사탕은?
.... 개

☐ 남은 사탕은?
.... 개

3 용태는 동화책 10권과 만화책 1권을 가지고 있습니다. 동화책은 만화책보다 몇 권 더 많을까요?

풀이

답

4 버스에 6명이 타고 있었습니다. 이번 정류장에서 4명이 타고, 3명이 내렸습니다. 버스에 남은 사람은 몇 명일까요?

풀이 ❶ 승객이 탄 다음 버스에 있는 사람은 몇 명인지 구하세요.

❷ 승객이 내린 다음 버스에 남은 사람은 몇 명인지 구하세요.

답

몇을 더했는지, 몇을 뺐는지 구하기

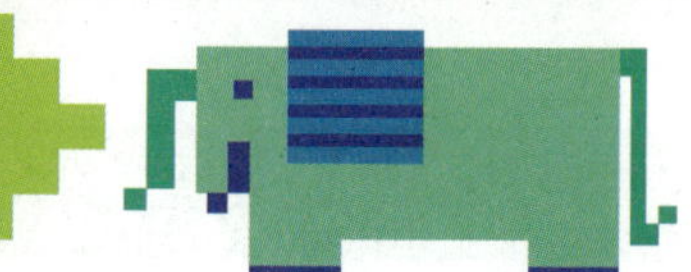

1

지우개가 3개 있었는데 몇 개를 더 사 와서 모두 10개가 되었습니다.
더 사 온 지우개는 몇 개일까요?

문제읽고

❶ 구하는 것에 밑줄 치고, 주어진 것에 ○표 하세요.

풀이쓰고

❷ 더 사 온 지우개를 ■개라 할 때, 다음 문장을 식으로 바꾸세요.

지우개 3개에 몇 개를 더 사 와서 10개가 되었습니다.

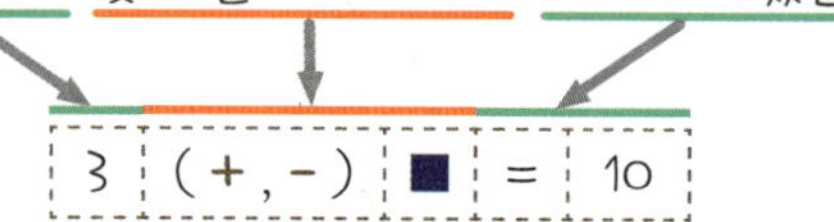

| 3 | (+ , −) | ■ | = | 10 |

❸ ■를 구하세요.

$3 + ■ = 10$ ➡ $3 +$ ☐ $= 10$이므로 ■는 .... 입니다.

❹ 답을 쓰세요.

더 사 온 지우개는 .... 입니다.

2

바구니에 귤이 몇 개 있었는데 8개를 더 넣어서
모두 10개가 되었습니다.
처음 바구니에 있던 귤은 몇 개일까요?

문제읽고

❶ 구하는 것에 밑줄 치고, 주어진 것에 ○표 하세요.

풀이쓰고

❷ 처음 바구니에 있던 귤을 ■개라 할 때, 다음 문장을 식으로 바꾸세요.

귤 몇 개에 8개를 더 넣어서 10개가 되었습니다.

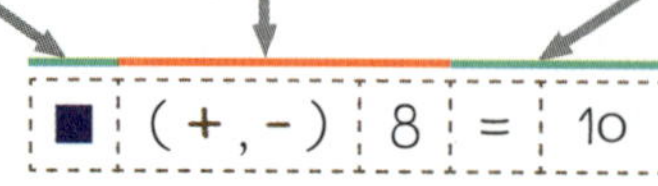

| ■ | (+ , −) | 8 | = | 10 |

❸ ■를 구하세요.

$■ + 8 = 10$ ➡ ☐ $+ 8 = 10$이므로 ■는 .... 입니다.

❹ 답을 쓰세요. 처음 바구니에 있던 귤은 .... 입니다.

3

접시에 땅콩이 10개 있었습니다.
은진이가 몇 개를 먹었더니 땅콩이 4개 남았습니다.
은진이가 먹은 땅콩은 몇 개일까요?

문제읽고

❶ 구하는 것에 밑줄 치고, 주어진 것에 ○표 하세요.

풀이쓰고

❷ 은진이가 먹은 땅콩을 ■개라 할 때, 다음 문장을 식으로 바꾸세요.

땅콩 10개에서 몇 개를 먹었더니 4개가 남았습니다.

$$10 \;(\,+\,,\,-\,)\; ■ = 4$$

❸ ■를 구하세요.

$10 - ■ = 4$ → $10 -$ ☐ $= 4$이므로 ■는 .... 입니다.

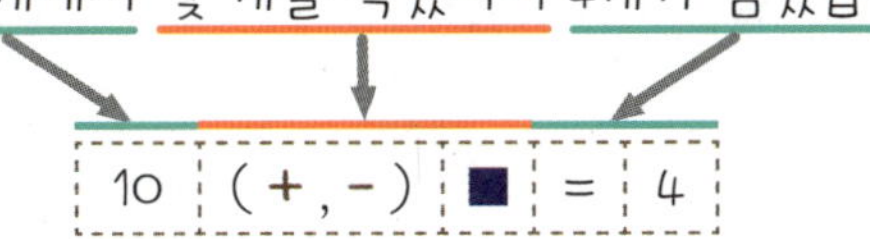

❹ 답을 쓰세요.

은진이가 먹은 땅콩은 .... 입니다.

4

혜리는 공책을 10권 가지고 있었습니다.
동생에게 몇 권을 주었더니 공책이 5권 남았습니다.
동생에게 준 공책은 몇 권일까요?

문제읽고

❶ 구하는 것에 밑줄 치고, 주어진 것에 ○표 하세요.

풀이쓰고

❷ 동생에게 준 공책을 ■권이라 할 때, 다음 문장을 식으로 바꾸세요.

공책 10권에서 몇 권을 주었더니 5권이 남았습니다.

$$10 \;(\,+\,,\,-\,)\; ■ = 5$$

❸ ■를 구하세요.

$10 - ■ = 5$ → $10 -$ ☐ $= 5$이므로 ■는 .... 입니다.

❹ 답을 쓰세요.   동생에게 준 공책은 .... 입니다.

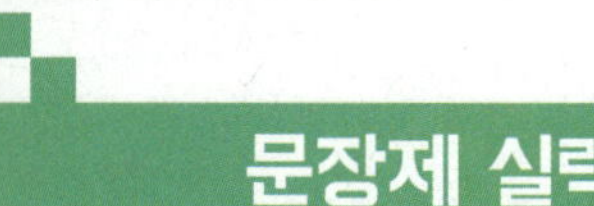

1 희승이는 몇 개의 구슬을 가지고 있었는데 우재에게 7개를 받아서 모두 10개가 되었습니다. 희승이가 처음에 가지고 있던 구슬은 몇 개일까요?

풀이

❶ 처음에 가지고 있던 구슬을 ■개라 할 때, 식을 세우세요.

■ (+ , −) 7 = 10

❷ ■를 구하세요.

☐ + 7 = 10이므로 ■는 .... 입니다.

답 ....

2 윤재는 지난달에 책꽂이에 꽂혀 있던 책 5권을 읽었습니다. 이번 달에는 나머지 책을 읽어 책꽂이에 꽂혀 있던 책 10권을 모두 읽었습니다. 윤재가 이번 달에 읽은 책은 몇 권일까요?

풀이

❶ 이번 달에 읽은 책을 ☐권이라 할 때, 식을 세우세요.

❷ ☐를 구하세요.

답 ....

3 연못 안에 오리 10마리가 있었습니다. 몇 마리가 연못 밖으로 나가고, 연못 안에는 오리가 8마리 남았습니다. 연못 밖으로 나간 오리는 몇 마리일까요?

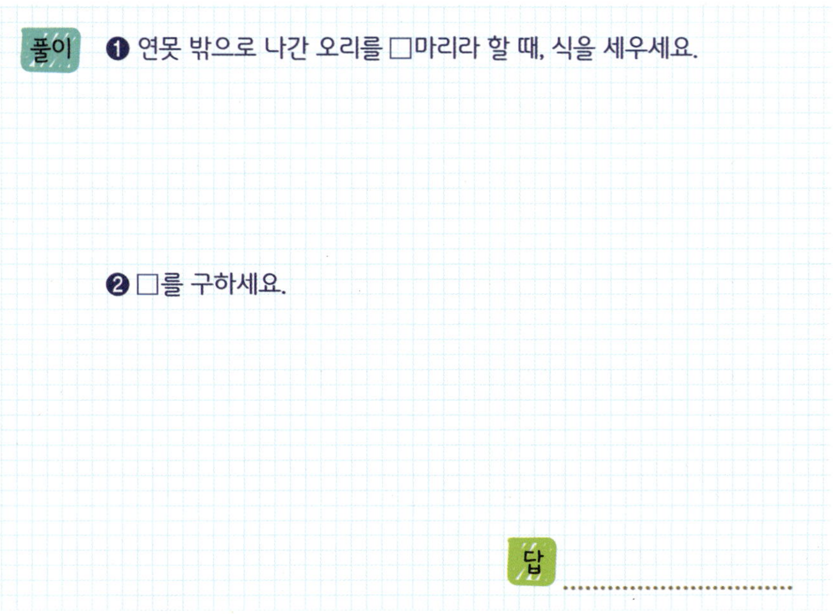

풀이

❶ 연못 밖으로 나간 오리를 □마리라 할 때, 식을 세우세요.

❷ □를 구하세요.

답 ....

4 화영이는 인형 6개를 가지고 있었습니다. 이모에게 인형 4개를 선물 받고, 친구에게 몇 개를 주었더니 남은 인형이 3개였습니다. 화영이가 친구에게 준 인형은 몇 개일까요?

풀이

❶ 이모에게 선물 받은 다음 인형 수를 구하세요.

❷ 친구에게 준 인형을 □개라 할 때, 식을 세우세요.

❸ □를 구하세요.

답 ....

세 수의 덧셈과 뺄셈

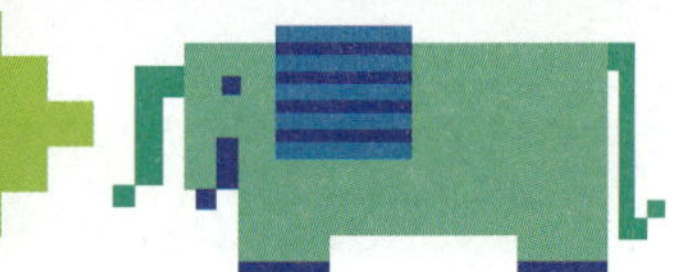

대표문제

1

연못에 물고기 ③마리와 개구리 ②마리, 오리 ④마리가 있습니다.
연못에 있는 물고기, 개구리, 오리는 모두 몇 마리일까요?

문제읽고

❶ 구하는 것에 밑줄 치고, 주어진 것에 ○표 하세요.
❷ 물고기, 개구리, 오리가 모두 몇 마리인지 알려면 어떻게 해야 하나요?

　　3　마리，　　　마리，　　　마리를 모두 (**더합니다** , **뺍니다**).

풀이쓰고

❸ 식을 쓰세요.

(물고기, 개구리, 오리 수)

= 　3　(+ , −)　　　(+ , −)　　　= 　　　(마리)

❹ 답을 쓰세요.

연못에 있는 물고기, 개구리, 오리는 모두 　　　　　　　　입니다.

한번 더 OK

2

책꽂이에 만화책이 6권, 동화책이 4권 꽂혀 있습니다.
동화책을 5권 더 꽂았다면 책꽂이에 꽂힌 책은 모두 몇 권일까요?

문제읽고

❶ 구하는 것에 밑줄 치고, 주어진 것에 ○표 하세요.
❷ 책꽂이에 꽂힌 책이 모두 몇 권인지 알려면 어떻게 해야 하나요?

　　6　권，　　　권，　　　권을 모두 (**더합니다** , **뺍니다**).

풀이쓰고

❸ 식을 쓰세요.

(책꽂이에 꽂힌 책 수)

= 　6　(+ , −)　　　(+ , −)　　　= 　　　(권)

❹ 답을 쓰세요.

책꽂이에 꽂힌 책은 모두 　　　　　　　입니다.

3

놀이터에 어린이 7명이 놀고 있었습니다.
남자 어린이 1명이 학원에 가고, 여자 어린이 2명이 집으로 갔습니다.
놀이터에 남아 있는 어린이는 몇 명일까요?

문제읽고

❶ 구하는 것에 밑줄 치고, 주어진 것에 ○표 하세요.
❷ 놀이터에 남아 있는 어린이가 몇 명인지 알려면 어떻게 해야 하나요?

　　7　명에서 　　　명과 　　　명을 차례로 (**더합니다** , **뺍니다**).

풀이쓰고

❸ 식을 쓰세요.

(남아 있는 어린이 수)

= 　7　(+ , −) 　　　 (+ , −) 　　　 = 　　　 (명)

❹ 답을 쓰세요.

놀이터에 남아 있는 어린이는 　　　　　　　　 입니다.

4

효진이네 집 냉장고에 달걀이 10개 있었는데
아침에 3개를 먹고, 저녁에 3개를 먹었습니다.
냉장고에 남아 있는 달걀은 몇 개일까요?

문제읽고

❶ 구하는 것에 밑줄 치고, 주어진 것에 ○표 하세요.
❷ 냉장고에 남아 있는 달걀이 몇 개인지 알려면 어떻게 해야 하나요?

　　10　개에서 　　　개와 　　　개를 차례로 (**더합니다** , **뺍니다**).

풀이쓰고

❸ 식을 쓰세요.

(남아 있는 달걀 수)

= 　10　(+ , −) 　　　 (+ , −) 　　　 = 　　　 (개)

❹ 답을 쓰세요.

냉장고에 남아 있는 달걀은 　　　　　　　　 입니다.

1 꽃병에 백합 1송이, 장미 5송이, 카네이션 2송이를 꽂았습니다. 꽃병에 꽂은 꽃은 모두 몇 송이일까요?

풀이 (꽃병에 꽂은 꽃의 수)

= (백합 수) (+ , −) (장미 수) (+ , −) (카네이션 수)

= ⋯⋯⋯⋯⋯⋯⋯⋯⋯⋯⋯⋯⋯⋯⋯⋯⋯

= ⋯⋯⋯⋯ (송이)

답 ⋯⋯⋯⋯⋯⋯⋯⋯⋯⋯⋯

2 접시에 크림빵이 4개, 단팥빵이 7개 놓여 있습니다. 크림빵을 3개 더 놓았다면 접시에 놓인 빵은 모두 몇 개일까요?

풀이

답 ⋯⋯⋯⋯⋯⋯⋯⋯⋯⋯⋯

3 엘리베이터에 9명이 타고 있었습니다. 이번 층에서 어른 4명, 어린이 1명이 내렸습니다. 엘리베이터에 남은 사람은 몇 명일까요?

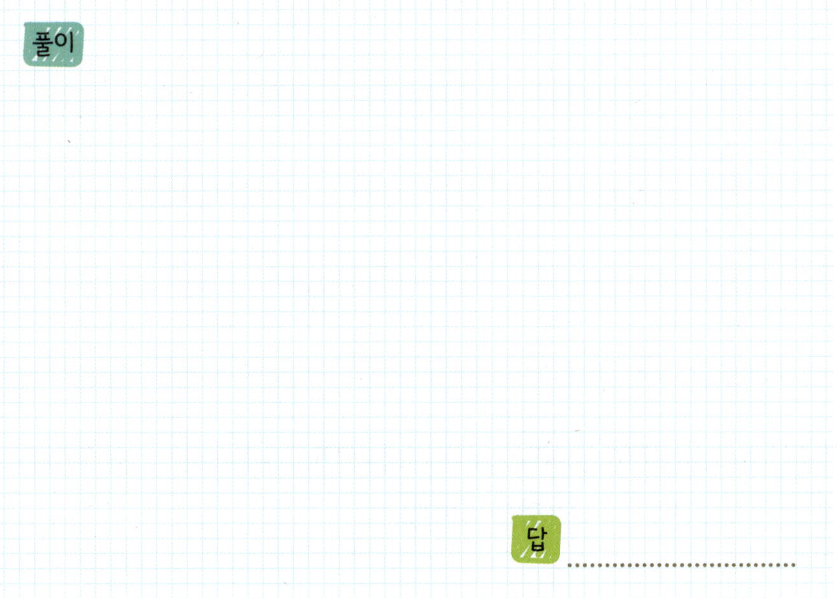

4 예지는 10개의 손가락을 모두 폈다가 2개를 접고, 다시 5개를 접었습니다. 지금 펼친 손가락은 몇 개일까요?

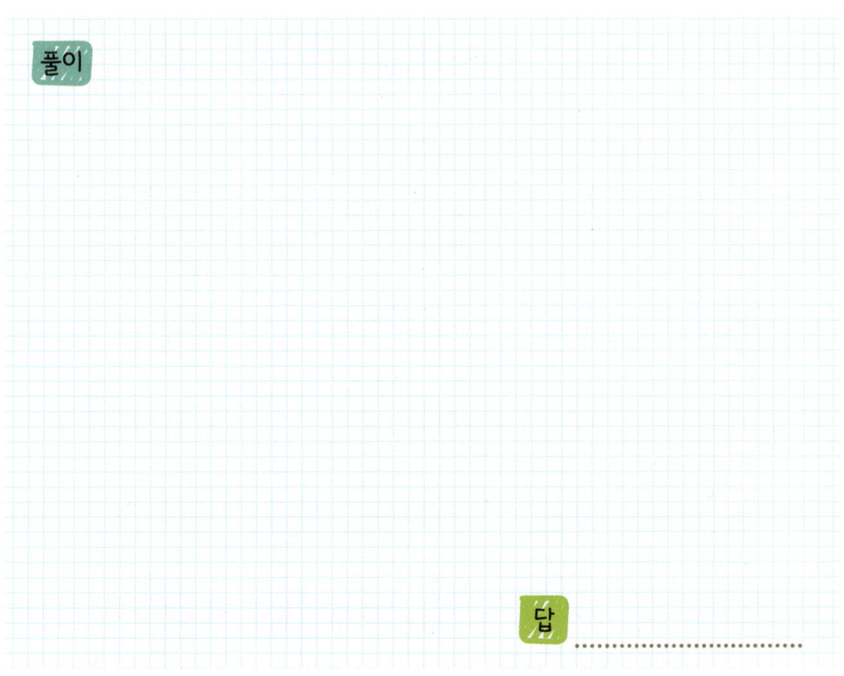

문장제 서술형 평가

1 승재네 모둠 친구들은 방패연 8개와 가오리연 2개를 만들었습니다. 승재네 모둠 친구들이 만든 연은 모두 몇 개일까요? **(5점)**

풀이

답 ....

2 장바구니에 야채 10개가 담겨 있습니다. 오이가 5개이고 나머지는 당근입니다. 장바구니에 담긴 당근은 몇 개일까요? **(5점)**

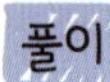
풀이

답 ....

3 유리병 안에 사탕이 10개, 젤리가 7개 있습니다. 젤리는 사탕보다 몇 개 더 적을까요? **(5점)**

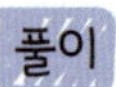
풀이

답 ....

4 놀이터에서 어린이 몇 명이 놀고 있었습니다. 4명이 더 와서 놀이터에 있는 어린이는 10명이 되었습니다. 처음에 놀이터에서 놀고 있던 어린이는 몇 명일까요? **(6점)**

풀이

답 ....

5 우리 안에 10마리의 돼지가 있었습니다. 문이 열리면서 몇 마리가 밖으로 나가고 7마리의 돼지만 남았습니다. 우리 밖으로 나간 돼지는 몇 마리일까요? **(6점)**

풀이

답 ....

6 이불 위에 노란색 단추가 6개, 파란색 단추가 8개, 보라색 단추가 2개 놓여 있습니다. 이불 위에 놓여 있는 단추는 모두 몇 개일까요? **(6점)**

풀이

답 ....

7 지훈이는 풍선을 8개 가지고 있었습니다. 그중에서 3개는 날아가고 4개는 터졌습니다. 지훈이에게 남은 풍선은 몇 개일까요? **(6점)**

풀이

답 ....

8 경선이는 색종이 9장을 가지고 있었습니다. 동생에게 7장을 주고 언니에게 몇 장을 받았더니 색종이는 모두 10장이 되었습니다. 언니에게 받은 색종이는 몇 장일까요? **(7점)**

풀이

답 ....

숨은 그림 8개를 찾아 ○표 해 주세요.

커다란 육식공룡, 작은 초식공룡…
지금은 멸종되어 사라진 공룡 친구들을 관찰해요.
숨은 그림도 찾아볼까요?

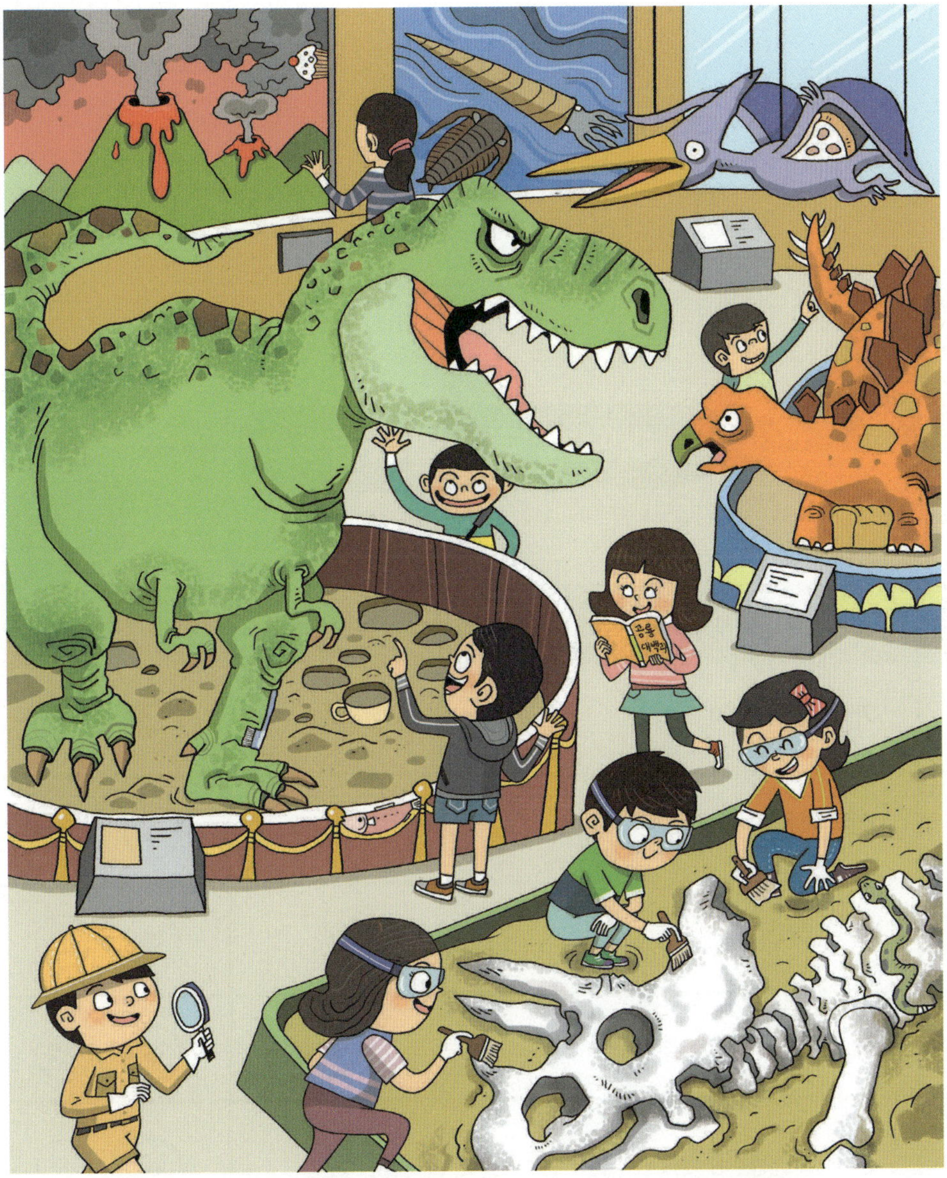

물고기, 뱀, 식빵, 은행잎, 조각피자, 칫솔, 컵, 컵케이크

3 덧셈과 뺄셈(2)

교재 날짜	공부할 내용	공부한 날짜	스스로 평가		
13일	개념 확인하기	/	☺	☺	☹
14일	합 구하기	/	☺	☺	☹
15일	차 구하기	/	☺	☺	☹
16일	세 수의 덧셈과 뺄셈	/	☺	☺	☹
17일	문장제 서술형 평가	/	☺	☺	☹

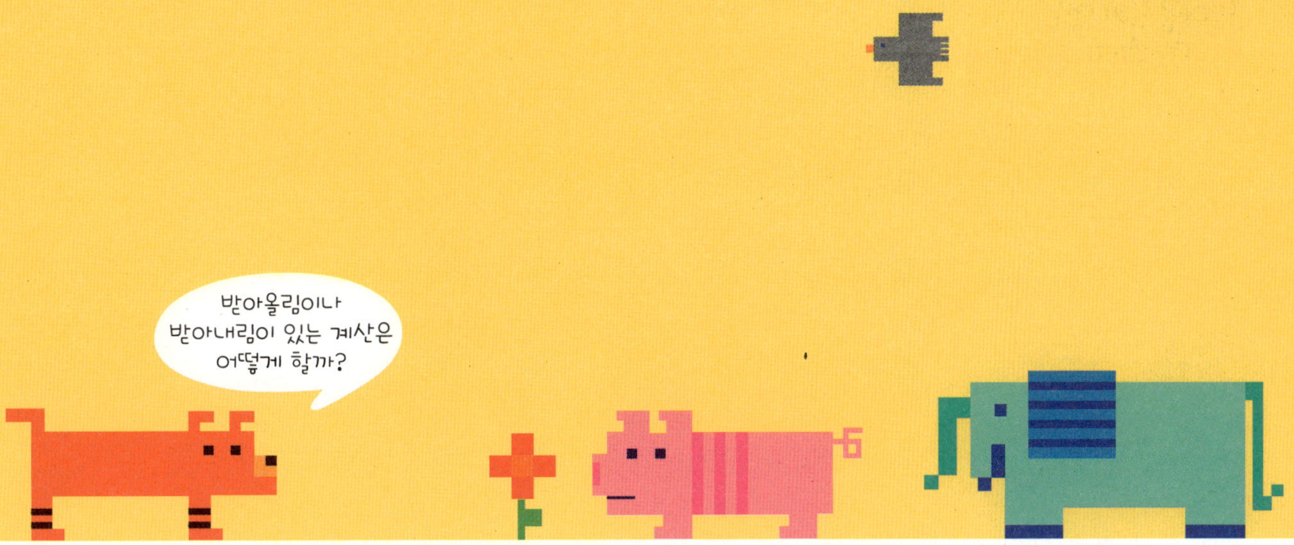

❝ 덧셈 상황과 뺄셈 상황을 구별하여 식을 세워요.

더하면, 합하면, ~보다 ~ 큰 수, 합 등을 구할 때에는 덧셈식을 세우고,
빼면, 덜어 내면, 남은, ~보다 ~ 작은 수, 차 등을 구할 때에는 뺄셈식을 세워요.
실생활에서 처음보다 양이 늘어나는 덧셈의 상황과
양이 줄어들거나 둘을 비교하는 뺄셈의 상황을 찾아 알맞은 식으로 나타내는 연습을 해 보세요. ❞

개념 확인하기

1 덧셈을 하세요.

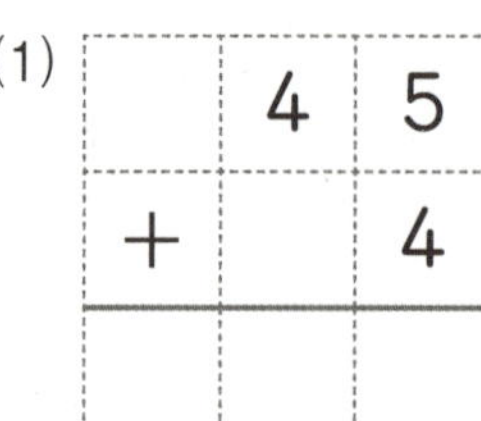

(1)
	4	5
+		4

(2)
	1	6
+	5	3

(3) 20+8= ....

(4) 53+25= ....

2 뺄셈을 하세요.

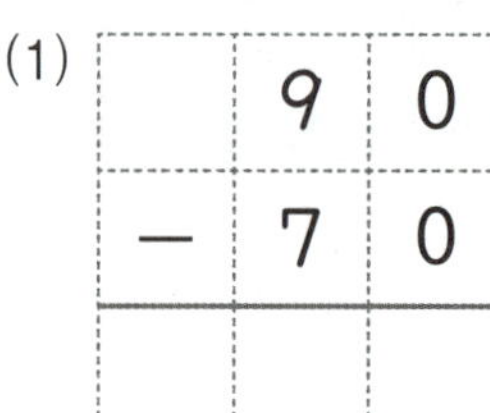

(1)
	9	0
−	7	0

(2)
	5	7
−	4	5

(3) 66−5= ....

(4) 74−41= ....

3 10을 이용하여 모으기와 가르기를 하세요.

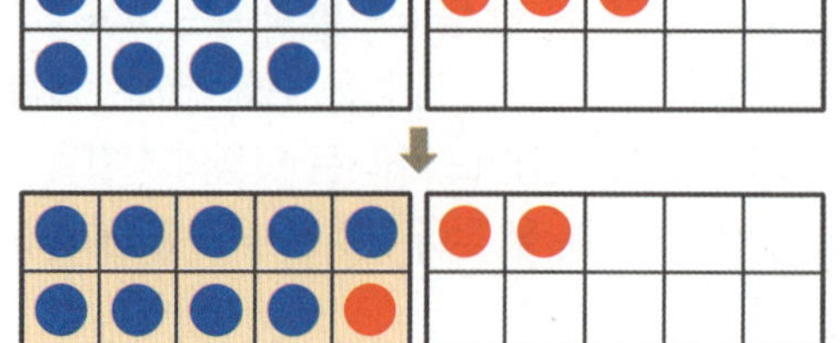

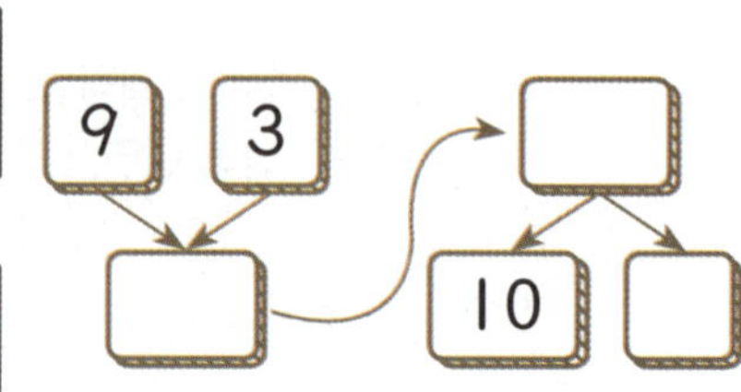

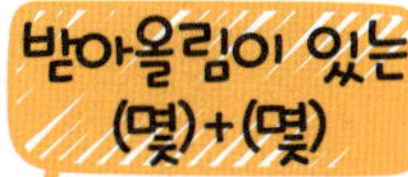

4 10으로 만들어 덧셈을 하세요.

(1) 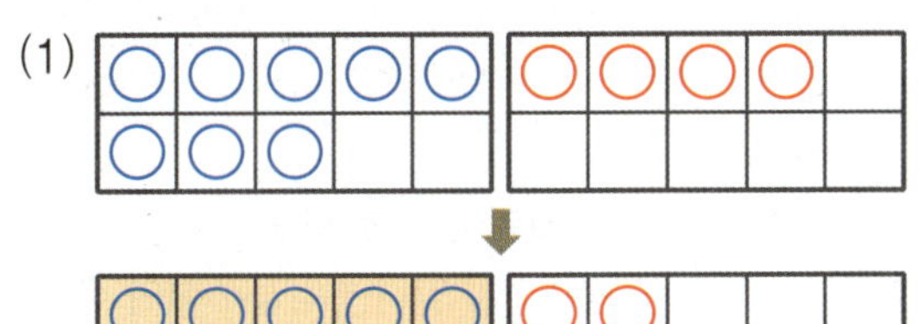

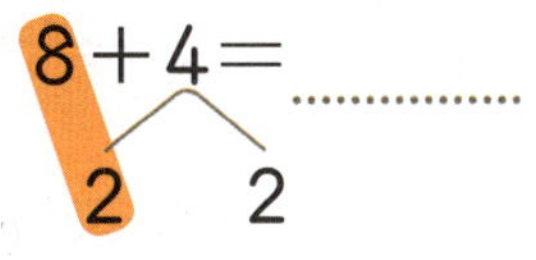

(2) 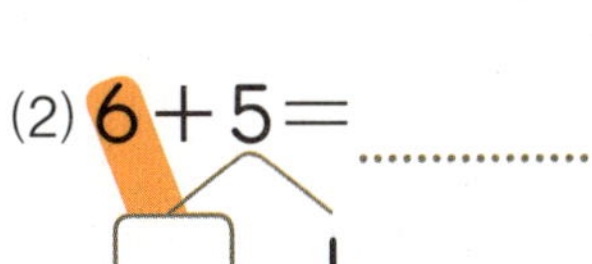

(3)

(4) $9+6=$

(5) $3+8=$

5 가르기 하여 뺄셈을 하세요.

(1) 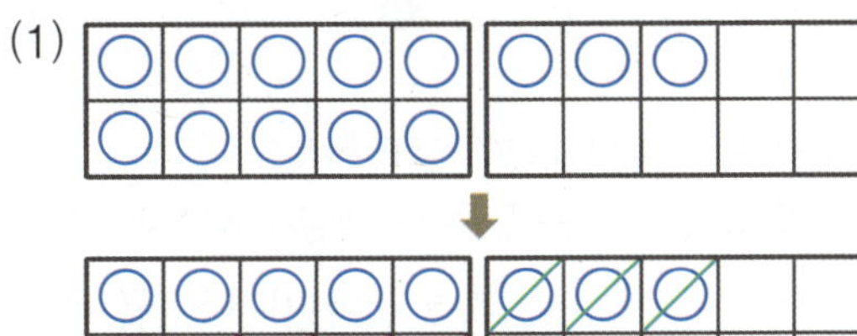

(2) 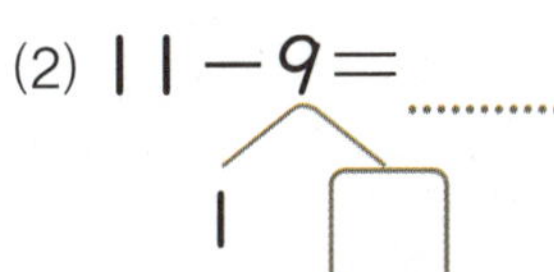

(3)

(4) $14-5=$

(5) $13-9=$

합 구하기

---

1 (대표문제)

마당에 채송화가 **12송이**, 봉숭아가 **35송이** 피었습니다.
마당에 핀 채송화와 봉숭아는 모두 몇 송이일까요?

문제읽고

❶ 구하는 것에 밑줄 치고, 주어진 것에 ◯표 하세요.
❷ 채송화와 봉숭아가 모두 몇 송이인지 알려면 어떻게 해야 하나요?

채송화 ＿＿＿＿＿송이와 봉숭아 ＿＿＿＿＿송이를 (**더합니다** , **뺍니다**).

풀이쓰고

❸ 식을 쓰세요.

(채송화와 봉숭아 수) = ＿＿＿＿ (+ , −) ＿＿＿＿ = ＿＿＿＿ (송이)

❹ 답을 쓰세요.

마당에 핀 채송화와 봉숭아는 모두 ＿＿＿＿＿＿＿입니다.

---

2 (한번 더 OK)

채소 가게에서 호박을 **8개**, 당근을 **5개** 샀습니다.
호박과 당근을 모두 몇 개 샀을까요?

문제읽고

❶ 구하는 것에 밑줄 치고, 주어진 것에 ◯표 하세요.
❷ 호박과 당근을 모두 몇 개 샀는지 알려면 어떻게 해야 하나요?

호박 ＿＿＿개와 당근 ＿＿＿개를 (**더합니다** , **뺍니다**).

풀이쓰고

❸ 식을 쓰세요.

(호박과 당근 수) = ＿＿＿ (+ , −) ＿＿＿ = ＿＿＿ (개)

❹ 답을 쓰세요.

호박과 당근을 모두 ＿＿＿＿＿ 샀습니다.

3

정수네 집에서는 오리를 34마리 키웁니다.
오늘 아버지께서 오리 4마리를 더 사 오셨습니다.
정수네 집에 오리는 모두 몇 마리가 되었을까요?

문제읽고

❶ 구하는 것에 밑줄 치고, 주어진 것에 ○표 하세요.
❷ 정수네 집에 오리가 모두 몇 마리가 되었는지 알려면 어떻게 해야 하나요?

　　키우던 오리 ＿＿＿＿＿ 마리에 더 사 온 오리 ＿＿＿＿ 마리를 (**더합니다** , **뺍니다**).

풀이쓰고

❸ 식을 쓰세요.

　　(전체 오리 수) = ＿＿＿＿＿ (＋ , －) ＿＿＿＿ = ＿＿＿＿＿ (마리)

❹ 답을 쓰세요.

　　정수네 집에 오리는 모두 ＿＿＿＿＿＿＿＿＿＿ 가 되었습니다.

4

현서와 은주가 도토리를 주웠습니다.
현서는 6개를 주웠고, 은주는 현서보다 9개 더 많이 주웠습니다.
은주가 주운 도토리는 몇 개일까요?

문제읽고

❶ 구하는 것에 밑줄 치고, 주어진 것에 ○표 하세요.
❷ 은주가 주운 도토리가 몇 개인지 알려면 어떻게 해야 하나요?

　　현서가 주운 도토리 ＿＿＿＿ 개에 은주가 더 많이 주운 도토리 ＿＿＿＿ 개를
　　(**더합니다** , **뺍니다**).

풀이쓰고

❸ 식을 쓰세요.

　　(은주가 주운 도토리 수) = ＿＿＿＿ (＋ , －) ＿＿＿＿ = ＿＿＿＿ (개)

❹ 답을 쓰세요.

　　은주가 주운 도토리는 ＿＿＿＿＿＿＿＿ 입니다.

1 원희는 동화책을 어제 23쪽 읽었고, 오늘 32쪽 읽었습니다.
원희가 어제와 오늘 읽은 동화책은 모두 몇 쪽일까요?

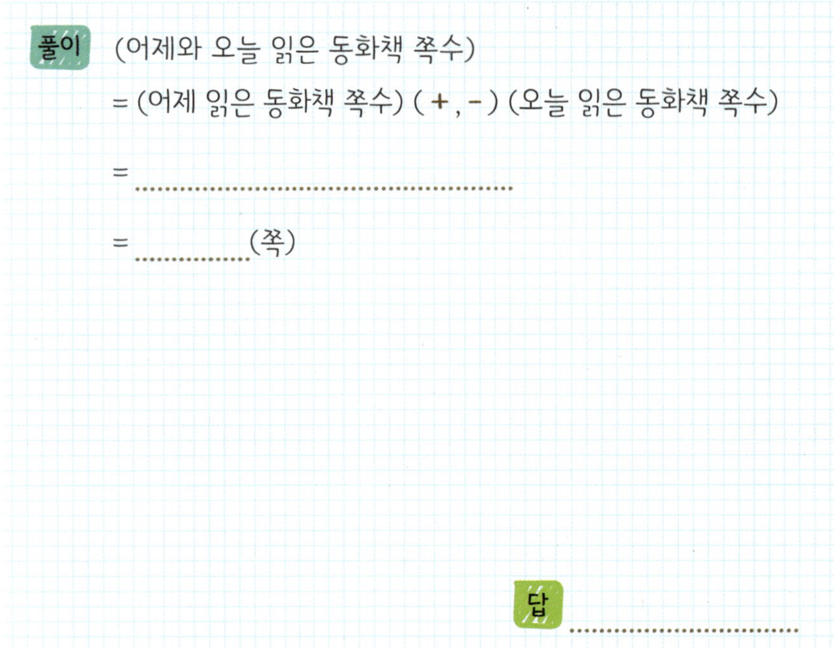

풀이   (어제와 오늘 읽은 동화책 쪽수)

= (어제 읽은 동화책 쪽수) (+ , −) (오늘 읽은 동화책 쪽수)

= ....

= .... (쪽)

답 ....

2 목장에 소가 6마리, 양이 8마리 있습니다. 목장에 있는 소와
양은 모두 몇 마리일까요?

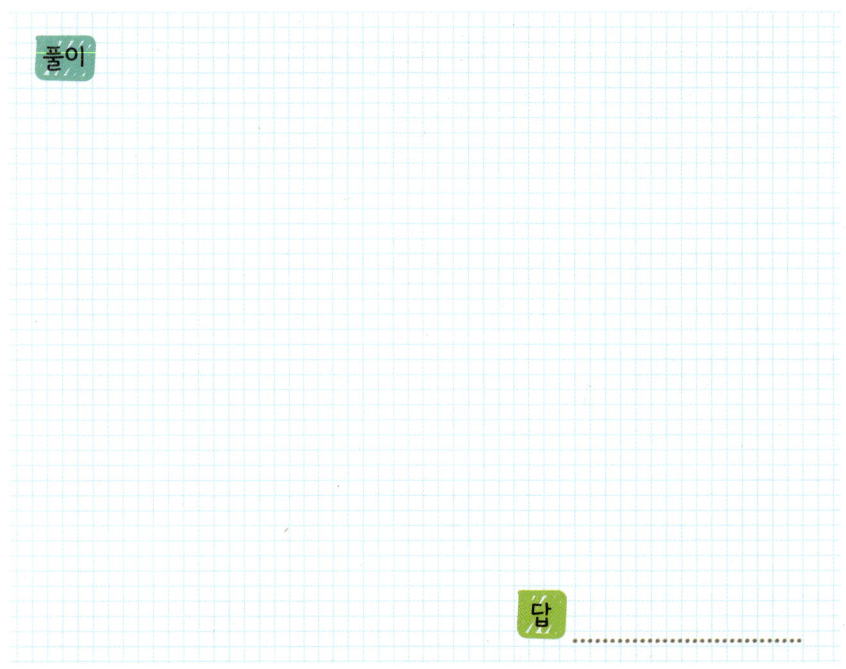

풀이

답 ....

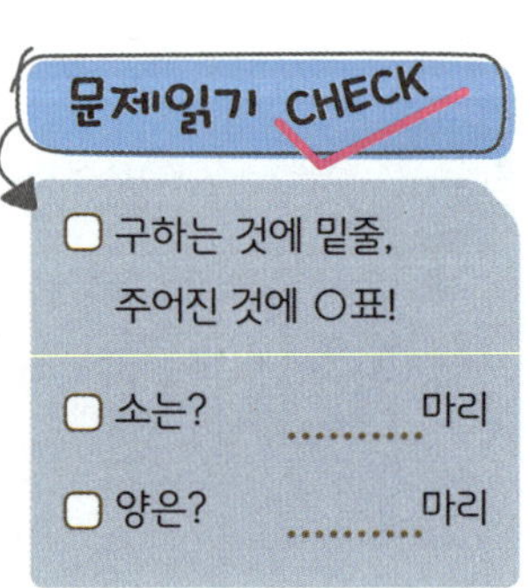

3 사과와 귤을 상자에 담으려고 합니다. 사과는 한 상자에 25개 담고, 귤은 사과보다 11개 더 많이 담습니다. 귤은 한 상자에 몇 개 담을까요?

풀이

답 ....

4 쟁반에 빨간색 사탕이 9개 있고, 노란색 사탕은 빨간색 사탕보다 4개 더 많이 있습니다. 노란색 사탕은 몇 개일까요?

풀이

답 ....

차 구하기

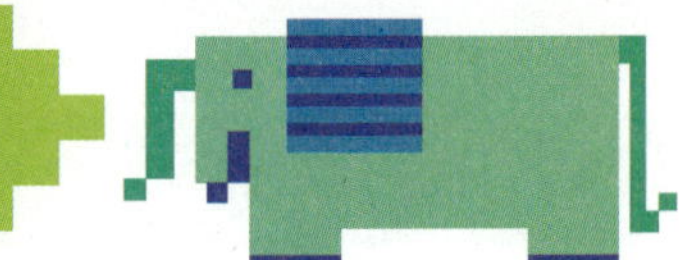

대표문제 1

주차장에 48대의 차가 있었는데 그중에서 25대가 빠져나갔습니다.
주차장에 남은 차는 몇 대일까요?

문제읽고

❶ 구하는 것에 밑줄 치고, 주어진 것에 ○표 하세요.
❷ 주차장에 남은 차가 몇 대인지 알려면 어떻게 해야 하나요?

주차장에 있던 차 ＿＿＿ 대에서 빠져나간 차 ＿＿＿ 대를 (**더합니다** , **뺍니다**).

풀이쓰고

❸ 식을 쓰세요.

(남은 차의 수) = ＿＿＿ (＋ , －) ＿＿＿ = ＿＿＿ (대)

❹ 답을 쓰세요.

주차장에 남은 차는 ＿＿＿ 입니다.

한번 더 OK 2

우리 집에는 화분이 13개 있었습니다.
삼촌 댁에 화분 4개를 선물했습니다.
우리 집에 남은 화분은 몇 개일까요?

문제읽고

❶ 구하는 것에 밑줄 치고, 주어진 것에 ○표 하세요.
❷ 우리 집에 남은 화분이 몇 개인지 알려면 어떻게 해야 하나요?

집에 있던 화분 ＿＿＿ 개에서 삼촌 댁에 선물한 화분 ＿＿＿ 개를
(**더합니다** , **뺍니다**).

풀이쓰고

❸ 식을 쓰세요.

(남은 화분 수) = ＿＿＿ (＋ , －) ＿＿＿ = ＿＿＿ (개)

❹ 답을 쓰세요.

우리 집에 남은 화분은 ＿＿＿ 입니다.

3

태권도부에 남학생이 14명 있고,
여학생은 남학생보다 6명 더 적습니다.
태권도부에 여학생은 몇 명 있을까요?

문제읽고

❶ 구하는 것에 밑줄 치고, 주어진 것에 ○표 하세요.
❷ 태권도부에 여학생이 몇 명 있는지 알려면 어떻게 해야 하나요?

　남학생 .... 명에서 차이가 나는 사람 .... 명을 (**더합니다** , **뺍니다**).

풀이쓰고

❸ 식을 쓰세요.

　(여학생 수) = ... (+ , −) .... = ... (명)

❹ 답을 쓰세요.

　태권도부에 여학생은 .... 있습니다.

4

서현이는 시험에서 수학 96점, 국어 85점의 점수를 받았습니다.
어느 과목의 점수가 몇 점 더 높을까요?

문제읽고

❶ 구하는 것에 밑줄 치고, 주어진 것에 ○표 하세요.

풀이쓰고

❷ 어느 과목의 점수가 더 높나요?

　96 ◯ 85이므로 (**수학** , **국어**) 점수가 더 높습니다.

❸ 몇 점 더 높은지 구하세요.

　(수학 점수) (+ , −) (국어 점수)

　= .... (+ , −) .... = ... (점)

❹ 답을 쓰세요.

　........................... 점수가 .... 더 높습니다.

1 구슬 70개 중에서 목걸이를 만드는 데 50개를 사용하였습니다. 목걸이를 만들고 남은 구슬은 몇 개일까요?

풀이 (남은 구슬 수)
= (처음에 있던 구슬 수) (+ , -) (사용한 구슬 수)

= ....

= .... (개)

답 ....

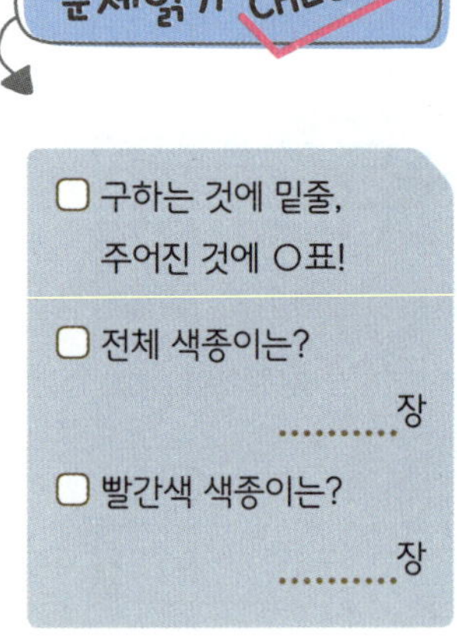

2 책상 위에 색종이가 15장 있습니다. 그중에서 빨간색 색종이가 9장이고 나머지는 파란색 색종이입니다. 파란색 색종이는 몇 장일까요?

풀이

답 ....

3 하령이네 반과 선우네 반이 같이 간식을 먹으려고 합니다. 빵이 57개 있고, 우유는 빵보다 26개 더 적게 있습니다. 우유는 몇 개 있을까요?

풀이

답 ....

4 자전거 가게에서 자전거를 5월에는 17대, 6월에는 8대 팔았습니다. 자전거를 어느 달에 몇 대 더 많이 팔았을까요?

풀이 ❶ 자전거를 어느 달에 더 많이 팔았는지 구하세요.

❷ 두 달의 자전거 판매 수의 차는 몇 대인지 구하세요.

답 .... , ...

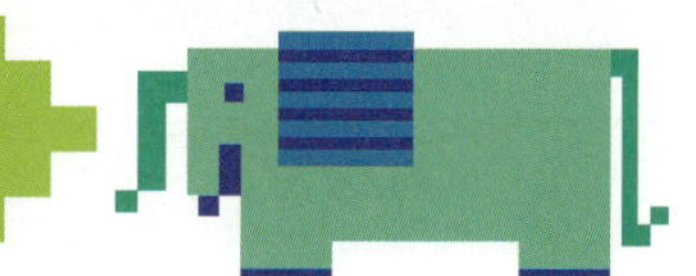

대표문제

1 어머니의 나이는 42살이고 형의 나이는 11살, 동생의 나이는 5살입니다.
어머니와 형, 동생 나이의 합은 몇 살일까요?

문제읽고

❶ 구하는 것에 밑줄 치고, 주어진 것에 ◯표 하세요.

❷ 어머니, 형, 동생 나이의 합이 몇 살인지 알려면 어떻게 해야 하나요?

어머니 __________살, 형 __________살, 동생 ________살을 모두 (**더합니다** , **뺍니다**).

풀이쓰고

❸ 식을 쓰세요.

(어머니, 형, 동생 나이의 합)

= __________ (+ , –) __________ (+ , –) ________ = __________(살)

❹ 답을 쓰세요.

어머니와 형, 동생 나이의 합은 __________________입니다.

한번 더 OK

2 쿠키 한 상자가 있습니다.
영미가 6개, 진현이가 5개를 먹었더니 7개가 남았습니다.
쿠키 한 상자에는 모두 몇 개의 쿠키가 들어 있었을까요?

문제읽고

❶ 구하는 것에 밑줄 치고, 주어진 것에 ◯표 하세요.

❷ 쿠키 한 상자에는 모두 몇 개의 쿠키가 들어 있었는지 알려면 어떻게 해야 하나요?

영미가 먹은 쿠키 ________개, 진현이가 먹은 쿠키 ________개, 남은 쿠키 ________개를

모두 (**더합니다** , **뺍니다**).

풀이쓰고

❸ 식을 쓰세요.

(한 상자에 들어 있던 쿠키 수)

= ________ (+ , –) ________ (+ , –) ________ = ________(개)

❹ 답을 쓰세요.

쿠키 한 상자에는 모두 __________________의 쿠키가 들어 있었습니다.

3

영현이는 딱지 58장을 가지고 있었습니다. 딱지치기를 해서
진찬이에게 25장을 잃고, 우겸이에게 23장을 잃었습니다.
영현이에게 남은 딱지는 몇 장일까요?

문제읽고

❶ 구하는 것에 밑줄 치고, 주어진 것에 ○표 하세요.
❷ 영현이에게 남은 딱지가 몇 장인지 알려면 어떻게 해야 하나요?

　처음 가지고 있던 딱지 ....장에서 잃은 딱지 ....장과 ....장을

　차례로 (**더합니다** , **뺍니다**).

풀이쓰고

❸ 식을 쓰세요.

　(남은 딱지 수)

　= .... (+ , −) .... (+ , −) .... = ...(장)

❹ 답을 쓰세요.

　영현이에게 남은 딱지는 ....입니다.

4

국화 15송이가 있습니다.
7송이는 노란색, 4송이는 분홍색이고 나머지는 흰색입니다.
흰색 국화는 몇 송이일까요?

문제읽고

❶ 구하는 것에 밑줄 치고, 주어진 것에 ○표 하세요.
❷ 흰색 국화가 몇 송이인지 알려면 어떻게 해야 하나요?

　전체 국화 ....송이에서 노란색 국화 ....송이와 분홍색 국화 ....송이를

　차례로 (**더합니다** , **뺍니다**).

풀이쓰고

❸ 식을 쓰세요.

　(흰색 국화의 수)

　= .... (+ , −) .... (+ , −) .... = ...(송이)

❹ 답을 쓰세요.

　흰색 국화는 ....입니다.

1 기우는 국어, 수학, 과학 수행 평가에서 국어는 50점, 수학은 20점, 과학은 23점을 받았습니다. 기우가 수행 평가에서 받은 점수는 모두 몇 점일까요?

풀이   (기우의 수행 평가 점수)

= (국어 점수) + (수학 점수) + (과학 점수)

= ....

= .... (점)

답 ....

문제읽기 CHECK

☐ 구하는 것에 밑줄,
    주어진 것에 ○표!

☐ 점수는?

     국어 .... 점
     수학 .... 점
     과학 .... 점

2 이슬이는 어머니, 언니와 함께 종이학을 접었습니다. 어머니가 5개, 언니가 9개, 이슬이가 3개 접었다면 세 사람이 접은 종이학은 모두 몇 개일까요?

풀이

답 ....

문제읽기 CHECK

☐ 구하는 것에 밑줄,
    주어진 것에 ○표!

☐ 접은 종이학은?

     어머니 .... 개
     언니 .... 개
     이슬 .... 개

3 상자 안에 귤이 49개 있었습니다. 그중에서 재율이가 10개, 재희가 8개를 먹었습니다. 상자 안에 남은 귤은 몇 개일까요?

풀이

답

4 버스에 11명이 타고 있었습니다. 이번 정류장에서 남자가 3명 내리고, 여자가 5명 내렸습니다. 지금 버스 안에 남아 있는 사람은 몇 명일까요?

풀이

답

문장제 서술형 평가

1 놀이공원에 어른 8명이 어린이 21명을 데리고 왔습니다. 놀이공원에 온 어른과 어린이는 모두 몇 명일까요? **(5점)**

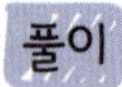 풀이

답 ....

2 종합평가 문제를 푸는 데 영채는 35분이 걸렸고, 동주는 영채보다 13분 더 오래 걸렸습니다. 동주가 종합평가 문제를 푸는 데 걸린 시간은 몇 분일까요? **(5점)**

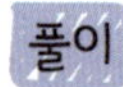 풀이

답 ....

3 화단에 팬지가 7송이, 나팔꽃이 9송이 피었습니다. 화단에 피어 있는 팬지와 나팔꽃은 모두 몇 송이일까요? **(5점)**

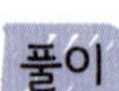 풀이

답 ....

4 윤진이는 젤리 46개 중에서 4개를 친구에게 주었습니다. 남은 젤리는 몇 개일까요? **(5점)**

풀이

답 ....

5 필통에 파란색 색연필과 빨간색 색연필이 들어 있습니다. 파란색 색연필은 16자루이고, 빨간색 색연필은 파란색 색연필보다 8자루 더 적습니다. 빨간색 색연필은 몇 자루일까요? **(5점)**

풀이

답 ....

6 정수는 색종이로 개구리를 어제 28개 접었고, 오늘 13개를 접었습니다. 언제 개구리를 몇 개 더 많이 접었을까요? **(6점)**

풀이

답 .... , ...

7 동물원에 사자가 8마리, 호랑이가 5마리, 기린이 6마리 있습니다. 동물원에 있는 사자, 호랑이, 기린은 모두 몇 마리일까요? **(7점)**

풀이

답 ....

8 감나무에 감이 58개 달려 있었습니다. 그중에서 7개가 떨어졌고, 20개를 따서 상자에 담았습니다. 감나무에 남아 있는 감은 몇 개일까요? **(7점)**

풀이

답 ....

연습 때와 달라졌어요

다른 부분 10군데를 찾아 ○표 해 주세요.

공개수업이 있는 날이에요.
아이들은 미리 연습을 해 보았어요.
연습했을 때와 뭐가 달라졌을까요? 두 눈을 크게 뜨고 찾아보세요.

4 시계 보기와 규칙 찾기

어떻게 공부할까요?

계획대로 공부했나요?
스스로 평가하여
알맞은 표정에 색칠하세요.

교재 날짜	공부할 내용	공부한 날짜	스스로 평가
18일	개념 확인하기	/	😄 🙂 😟
19일	시각 알기	/	😄 🙂 😟
20일	시각의 순서 알기	/	😄 🙂 😟
21일	규칙 찾기	/	😄 🙂 😟
22일	문장제 서술형 평가	/	😄 🙂 😟

무엇을 배울까요?

> ## 나의 하루 생활을 시각과 관련지어 말해 보세요.
>
> 모형 시계나 탁상시계의 시곗바늘을 이리저리 돌려 보면서
> 긴바늘의 움직임에 따라 짧은바늘이 어떻게 움직이는지 관찰해 보세요.
> 또, 내가 학교에 가는 시각, 밥을 먹는 시각, 친구와 만나기로 한 시각 등
> 다양한 시각을 시계에 나타내어 보세요.
> 반대로 시계를 보고 시각을 읽는 연습도 해 보세요.

개념 확인하기

몇 시,
몇 시 30분

1 같은 시각끼리 이어 보세요.

2 시각을 쓰세요.

(1) 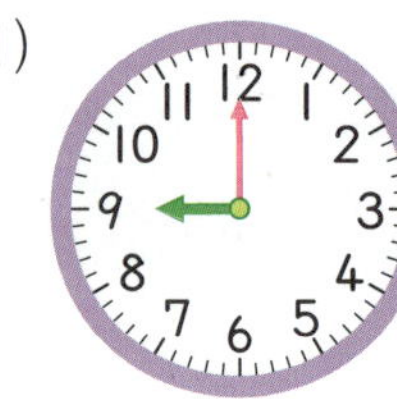

.... 시

(2) 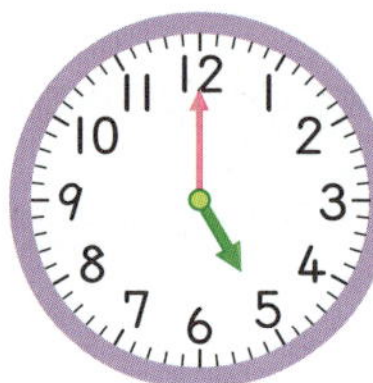

.... 시

(3) 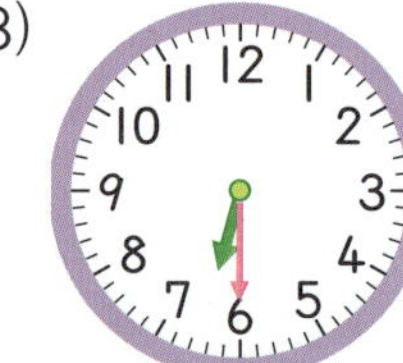

.... 시 .... 분

시각 나타내기

3 시각에 알맞게 시곗바늘을 그리세요.

(1) 8시 30분　　(2) 2시　　(3) 10시 30분

4 규칙에 따라 ◻ 안에 들어갈 과일의 이름을 쓰세요.

(1) 

....

(2) 

....

5 규칙에 따라 빈칸에 알맞은 수를 써넣으세요.

(1) ③ ⑦ ② ③ ⑦ ② ③ ◯ ◯

(2) 20 30 40 ◯ ◯ 70 80 90

(3) 5 8 11 ◯ 17 20 ◯ 26

6 수 배열표에서 규칙을 찾아 쓰세요.

41	42	43	44	45	46	47	48	49	50
51	52	53	54	55	56	57	58	59	60
61	62	63	64	65	66	67	68	69	70

→ 색칠한 수는 41부터 시작하여 ....씩 뛰어 세는 규칙입니다.

시각 알기

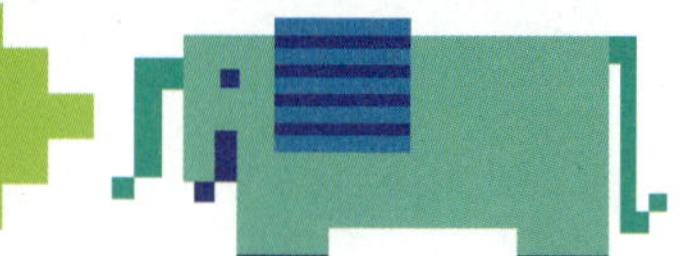

1

세희는 시계의 짧은바늘이 **3**을 가리키고, 긴바늘이 **12**를 가리킬 때
숙제를 시작했습니다.
세희가 숙제를 시작한 시각을 구하세요.

문제읽고

❶ 무엇을 구하는 문제인가요? 구하는 것에 밑줄 치세요.
❷ 짧은바늘과 긴바늘이 가리키는 수는 무엇인가요? ○표 하고 답하세요.

　짧은바늘 : .... , 긴바늘 : ....

풀이쓰고

❸ 시계에 짧은바늘과 긴바늘을 그리세요.

❹ 답을 쓰세요.　세희가 숙제를 시작한 시각은 .... 시입니다.

2

주원이는 시계의 짧은바늘이 **4**와 **5** 사이에 있고,
긴바늘이 **6**을 가리킬 때 운동을 끝마쳤습니다.
주원이가 운동을 끝마친 시각을 구하세요.

문제읽고

❶ 무엇을 구하는 문제인가요? 구하는 것에 밑줄 치세요.
❷ 짧은바늘과 긴바늘이 가리키는 수는 무엇인가요? ○표 하고 답하세요.

　짧은바늘 : .... 와 .... 사이, 긴바늘 : ....

풀이쓰고

❸ 시계에 짧은바늘과 긴바늘을 그리세요.

❹ 답을 쓰세요.　주원이가 운동을 끝마친 시각은 .... 시 .... 분입니다.

3

시계와 시간표를 보고 지금 무엇을 시작해야 하는지 쓰세요.

시작 시각

점심 식사	12 : 00
축구	1 : 00
숙제	3 : 00

문제읽고

❶ 무엇을 구하는 문제인가요? 구하는 것에 밑줄 치세요.

풀이쓰고

❷ 시계를 보고 지금 시각을 구하세요. .... 시

❸ 표를 보고 ❷의 시각에 시작하는 일을 찾아 쓰세요. ....

❹ 답을 쓰세요.

　지금 ....를 시작해야 합니다.

4

시계와 시간표를 보고 지금 무엇을 시작해야 하는지 쓰세요.

시작 시각

수영	2 : 00
피아노 치기	3 : 00
수학 공부	4 : 00
저녁 식사	6 : 00

문제읽고

❶ 무엇을 구하는 문제인가요? 구하는 것에 밑줄 치세요.

풀이쓰고

❷ 시계를 보고 지금 시각을 구하세요. .... 시

❸ 표를 보고 ❷의 시각에 시작하는 일을 찾아 쓰세요. ....

❹ 답을 쓰세요.

　지금 ....를 시작해야 합니다.

1 보름이는 시계의 짧은바늘이 7을 가리키고, 긴바늘이 12를 가리킬 때 일어났습니다. 보름이가 일어난 시각을 구하세요.

풀이 긴바늘이 ＿＿＿＿＿를 가리키면 '몇 시'입니다.

짧은바늘이 ＿＿＿을 가리키므로 ＿＿＿시입니다.

답 ＿＿＿＿＿＿＿＿＿＿＿＿＿＿＿

2 정후는 시계의 짧은바늘이 2와 3 사이에 있고, 긴바늘이 6을 가리킬 때 야구를 하기 시작했습니다. 정후가 야구를 시작한 시각을 구하세요.

풀이 긴바늘이 ＿＿＿을 가리키면 '몇 시 30분'입니다.

짧은바늘이 ＿＿＿와 ＿＿＿사이를 가리키므로

＿＿＿시 ＿＿＿분입니다.

답 ＿＿＿＿＿＿＿＿＿＿＿＿＿＿＿

3 시계와 시간표를 보고 지금 무엇을 시작해야 하는지 쓰세요.

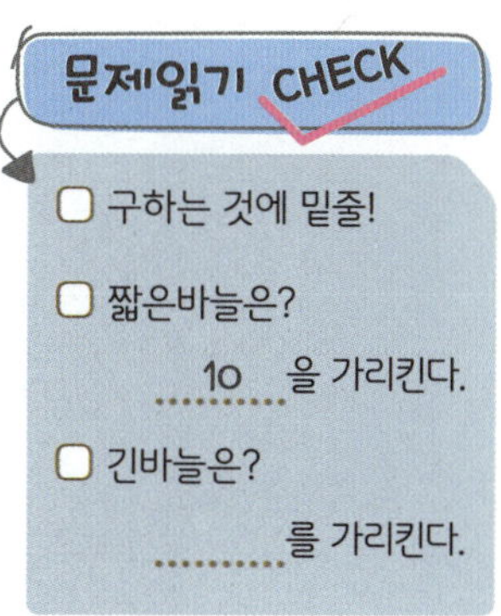

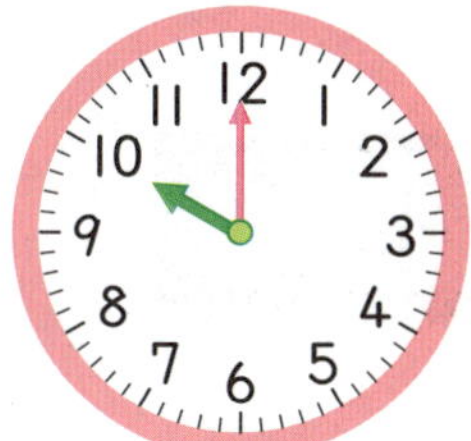

시작 시각

아침 식사	8 : 00
등교	9 : 00
2교시 수업	10 : 00
점심 식사	11 : 30

문제읽기 CHECK

- ☐ 구하는 것에 밑줄!
- ☐ 짧은바늘은? 10 을 가리킨다.
- ☐ 긴바늘은? ....를 가리킨다.

풀이

답 ....

4 시계와 시간표를 보고 지금 무엇을 시작해야 하는지 쓰세요.

시작 시각

저녁 식사	6 : 00
독서	7 : 30
일기 쓰기	8 : 30

문제읽기 CHECK

- ☐ 구하는 것에 밑줄!
- ☐ 짧은바늘은? ....과 .... 사이에 있다.
- ☐ 긴바늘은? ....을 가리킨다.

풀이

답 ....

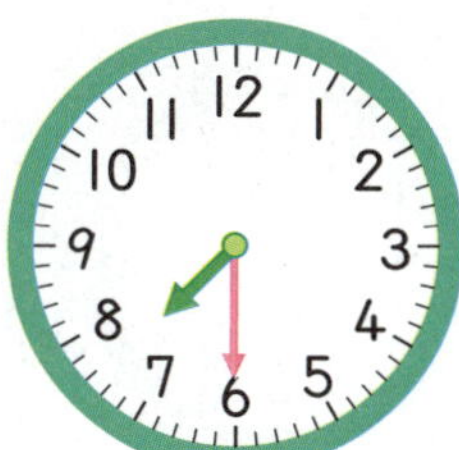

시각의 순서 알기

1

지유와 동휘가 밤에 잠든 시각입니다. 더 늦게 잠든 사람은 누구일까요?

문제읽고

❶ 무엇을 구하는 문제인가요? 구하는 것에 밑줄 치세요.

풀이쓰고

❷ 지유와 동휘가 잠든 시각을 쓰세요.

　지유 ...., 동휘 ....

❸ ❷의 시각을 늦은 순서대로 쓰세요.

　...................................... → ....

❹ 답을 쓰세요.　더 늦게 잠든 사람은 ....입니다.

2

지훈, 서진, 민정이가 동시에 숙제를 시작하여 끝낸 시각입니다.
숙제를 가장 일찍 끝낸 사람은 누구일까요?

문제읽고

❶ 무엇을 구하는 문제인가요? 구하는 것에 밑줄 치세요.

풀이쓰고

❷ 지훈, 서진, 민정이가 숙제를 끝낸 시각을 쓰세요.

　지훈 ...., 서진 ...., 민정 ....

❸ ❷의 시각을 빠른 순서대로 쓰세요.

　...................... → .... → ....

❹ 답을 쓰세요.　숙제를 가장 일찍 끝낸 사람은 ....입니다.

3

현주가 일요일 낮 동안에 한 일과 시각을 적은 것입니다.
먼저 한 순서대로 기호를 쓰세요.

ㄱ 놀이터에서 친구들과 공놀이를 하였습니다.

ㄴ 점심을 먹었습니다.

ㄷ 방청소를 하였습니다.

ㄹ 엄마 심부름을 하였습니다.

문제읽고

❶ 무엇을 구하는 문제인가요? 구하는 것에 밑줄 치세요.

풀이쓰고

❷ ㄱ, ㄴ, ㄷ, ㄹ의 시각을 쓰세요.

   ㄱ 공놀이 ...., ㄴ 점심 식사 ....

   ㄷ 방청소 ...., ㄹ 심부름 ....

❸ ㄱ, ㄴ, ㄷ, ㄹ의 시각을 수직선에 나타내세요.

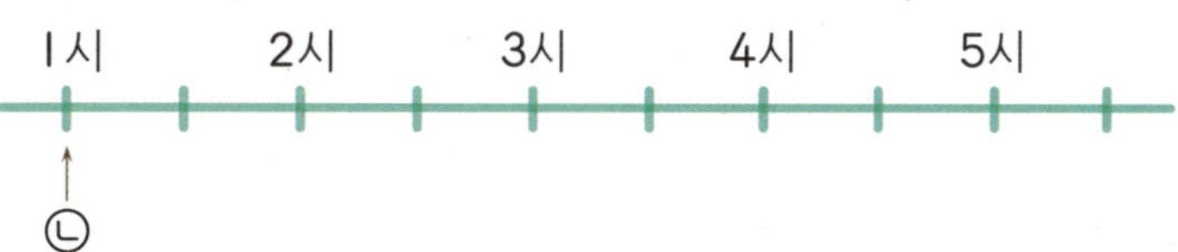

❹ 답을 쓰세요.

   먼저 한 순서대로 기호를 쓰면 ㄴ, ... 입니다.

기적 특강

[긴바늘과 짧은바늘의 관계]

긴바늘이 한 바퀴 움직일 때 짧은바늘은 숫자 1칸을 움직입니다.

 → 

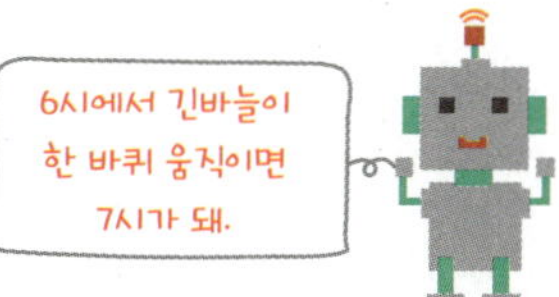

1 담이와 현오가 집에 도착한 시각입니다. 더 일찍 집에 도착한 사람은 누구일까요?

풀이 담이 : ______________, 현오 : ______________

시각을 빠른 순서대로 쓰면

______________ , ______________ 이므로

더 일찍 집에 도착한 사람은 ______________ 입니다.

답 ______________

2 은비가 어제 낮에 한 일을 나타낸 것입니다. 먼저 한 순서대로 쓰세요.

낮잠 자기

하교

피아노 치기

풀이

답 ______________

3 터미널을 출발하여 광주, 대전, 부산으로 가는 고속버스의 첫차 출발 시각을 나타낸 것입니다. 마지막으로 출발하는 버스는 어디로 가는 버스일까요?

풀이

답 ....

4 상윤이가 방학에 하루 동안 할 일과 시각을 적은 것입니다. 먼저 할 일부터 순서대로 기호를 쓰세요.

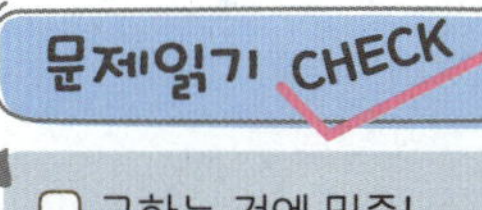

풀이

답 ....

규칙 찾기

대표문제

1

규칙에 따라 빈칸에 알맞은 모양을 그려 넣으세요.

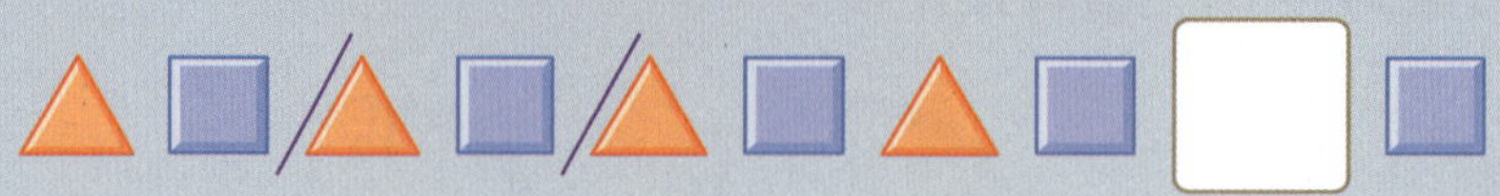

문제읽고

❶ 무엇을 구하는 문제인가요? 구하는 것에 밑줄 치세요.

풀이쓰고

❷ 위의 그림에서 반복되는 부분을 /로 나누어서 구분하세요.

❸ 규칙을 찾아 말해 보세요.

규칙  가 반복되는 규칙입니다.

➔ 규칙에 따라 ⬜ 다음은 (🔺 , ⬜) 모양이 옵니다.

❹ 위의 그림의 빈칸에 알맞은 모양을 그려 넣으세요.

한번 더 OK

2

규칙에 따라 가위바위보를 할 때, 빈칸에는 무엇을 내야 할까요?

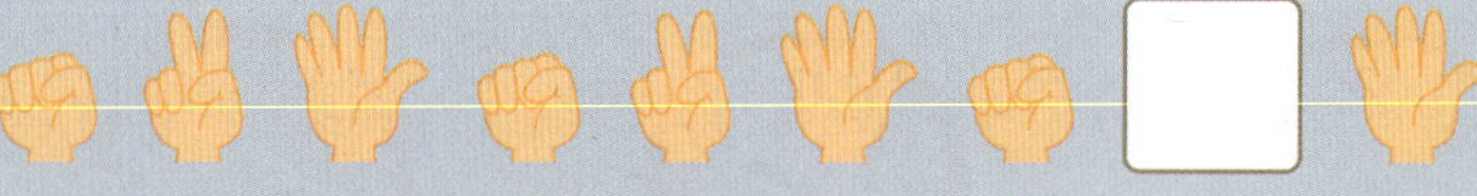

문제읽고

❶ 무엇을 구하는 문제인가요? 구하는 것에 밑줄 치세요.

풀이쓰고

❷ 위의 그림에서 반복되는 부분을 /로 나누어서 구분하세요.

❸ 규칙을 찾아 말해 보세요.

규칙  가 반복되는 규칙입니다.

➔ 규칙에 따라 바위 다음은 (**가위** , **바위** , **보**)가 옵니다.

❹ 답을 쓰세요.

빈칸에는 ....를 내야 합니다.

대표문제 3

규칙에 따라 수를 배열할 때 빈칸에 알맞은 수를 써넣으세요.

| 2 | 2 | 5 | 2 | 2 | 5 | 2 | 2 | ☐ | 2 | 2 | 5 |

문제읽고

❶ 무엇을 구하는 문제인가요? 구하는 것에 밑줄 치세요.

풀이쓰고

❷ 위의 수에서 반복되는 부분을 /로 나누어서 구분하세요.

❸ 규칙을 찾아 말해 보세요.

규칙 (2 5 2 , 2 2 5)가 반복되는 규칙입니다.

→ 2가 두 번 온 다음은 .... 가 옵니다.

❹ 위의 빈칸에 알맞은 수를 써넣으세요.

한단계 UP 4

원규는 아래 수 배열표에서 색칠한 수의 규칙과 같은 규칙으로
수를 세려고 합니다. ☁ 안에 알맞은 수를 써넣으세요.

11	12	13	14	15
16	17	18	19	20
21	22	23	24	25
26	27	28	29	30

문제읽고

❶ 구하는 것에 밑줄 치고, 주어진 것에 ○표 하세요.

풀이쓰고

❷ 색칠한 수는 몇씩 커지나요? 규칙을 찾아 말해 보세요.

| 13 | 18 | 23 | 28 |

5

규칙

13부터 시작하여 .... 씩 뛰어 세는 규칙입니다.

❸ 원규는 어떤 규칙으로 수를 세어야 할까요?

→ 50부터 시작하여 .... 씩 뛰어 세는 규칙으로 수를 셉니다.

❹ 위의 ☁ 안에 알맞은 수를 써넣으세요.

1 규칙에 따라 빈칸에 알맞은 그림을 그려 넣으세요.

풀이

....가 반복되는 규칙이므로

빈칸에는 □ 를 그려 넣습니다.

문제읽기 CHECK

☐ 구하는 것에 밑줄!

☐ 규칙을 찾으려면?
그림에서 <u>반복</u> 되는 부분을 /로 나누어서 구분한다.

2 색깔의 규칙에 따라 빈 곳에 알맞은 색을 칠하세요.

풀이

문제읽기 CHECK

☐ 구하는 것에 밑줄!

☐ 규칙을 찾으려면?
그림에서 .... 되는 부분을 /로 나누어서 구분한다.

3 혜정이는 규칙을 정하여 수 배열표에 다음과 같이 색칠하였습니다. 색칠한 수와 같은 규칙으로 빈 곳에 알맞은 수를 써넣으세요.

13	14	15	16	17	18	19	20	21	22
23	24	25	26	27	28	29	30	31	32

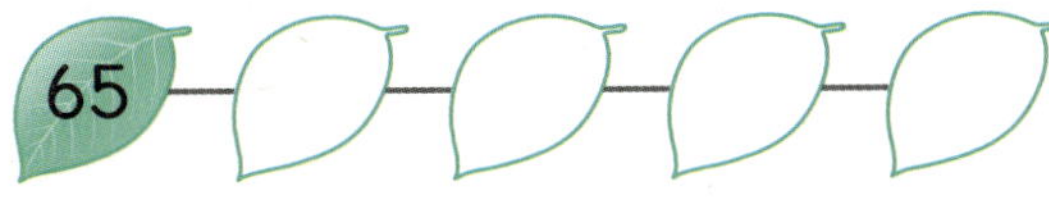

풀이 ❶ 수 배열표에서 색칠한 수의 규칙을 찾아 말해 보세요.

❷ 빈 곳에 알맞은 수를 구하세요.

도전!

4 다음과 같은 규칙으로 13번째까지 옷을 늘어놓을 때, 13번째에는 무슨 옷을 놓아야 할까요?

풀이 ❶ 옷을 늘어놓은 규칙을 찾아 말해 보세요.

❷ 규칙에 따라 9번째부터 시작하여 13번째까지 놓을 옷을 차례로 쓰세요.

답 ....

문장제 서술형 평가

1 소라는 시계의 짧은바늘이 **6**을 가리키고, 긴바늘이 **12**를 가리킬 때 저녁을 먹었습니다. 소라가 저녁을 먹은 시각을 시계에 나타내고, 시각을 쓰세요. **(5점)**

풀이

답 ....

2 시계와 시간표를 보고 지금 무엇을 시작해야 하는지 쓰세요. **(5점)**

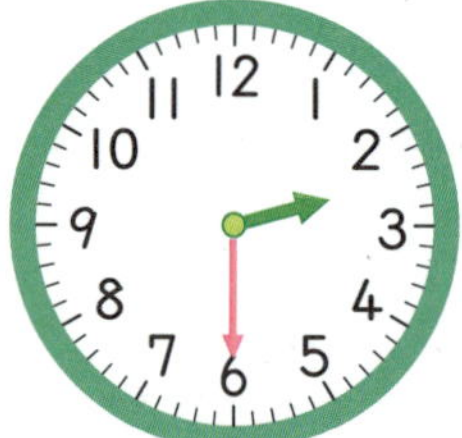

시작 시각	
농구	1 : 00
피아노 치기	2 : 30
간식 먹기	4 : 00

풀이

답 ....

3 규칙에 따라 빈칸에 알맞은 과일의 이름을 쓰세요. **(5점)**

풀이

답 ....

4 수 배열에서 규칙을 찾아 빈칸에 알맞은 수를 써넣으세요. **(6점)**

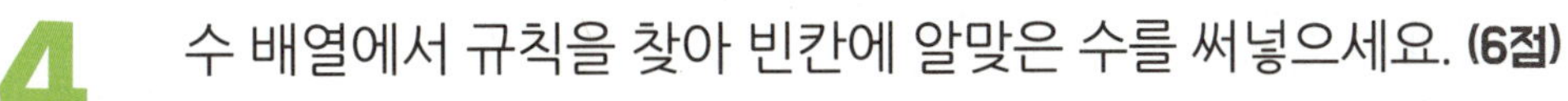

풀이

---

5 지윤이가 간식을 먹은 시각과 줄넘기를 한 시각을 나타낸 것입니다. 더 늦게 한 일은 어느 것일까요? **(6점)**

간식 먹기

줄넘기 하기

풀이

답 ....

---

6 지아가 놀이공원에서 한 일입니다. 먼저 한 일부터 순서대로 쓰세요. **(7점)**

롤러코스터 타기

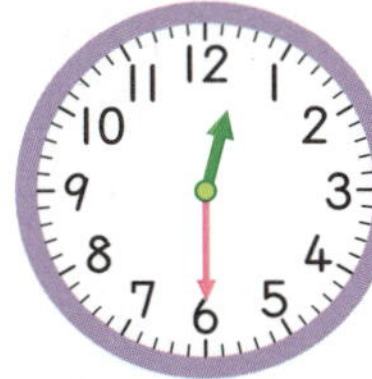

점심 식사하기

유령의 집 가기

풀이

답 ....

7 수 배열표에서 색칠한 규칙에 따라 나머지 부분에 색칠하세요. **(7점)**

45	46	47	48	49	50	51	52	53	54
55	56	57	58	59	60	61	62	63	64
65	66	67	68	69	70	71	72	73	74
75	76	77	78	79	80	81	82	83	84

풀이

8 종석이가 거울에 비친 시계를 보았더니 다음과 같았습니다. 시간표를 보고 지금 무엇을 시작해야 하는지 쓰세요. **(7점)**

시작 시각

책 읽기	4 : 00
수학 숙제	5 : 30
저녁 식사	6 : 30

풀이

답 ....

강아지의 그림자를 찾아 ○표 해 주세요.

띵동띵동! 농장에 반가운 손님이 찾아 왔어요.
강아지가 신나서 달려가요.
반가워서 꼬리도 살랑살랑!
누가 왔을까요?
강아지의 그림자를 따라가 보세요.

메모

2권 끝!
3권에서 만나요

앗!

길벗스쿨

기적의 수학 문장제!

정답 풀이

초등 1학년

2 권

차례

1. 100까지의 수

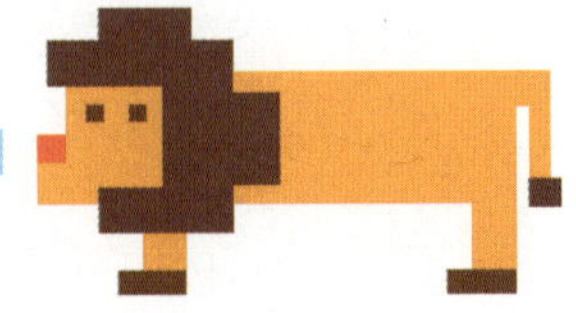

1 DAY 개념 확인하기

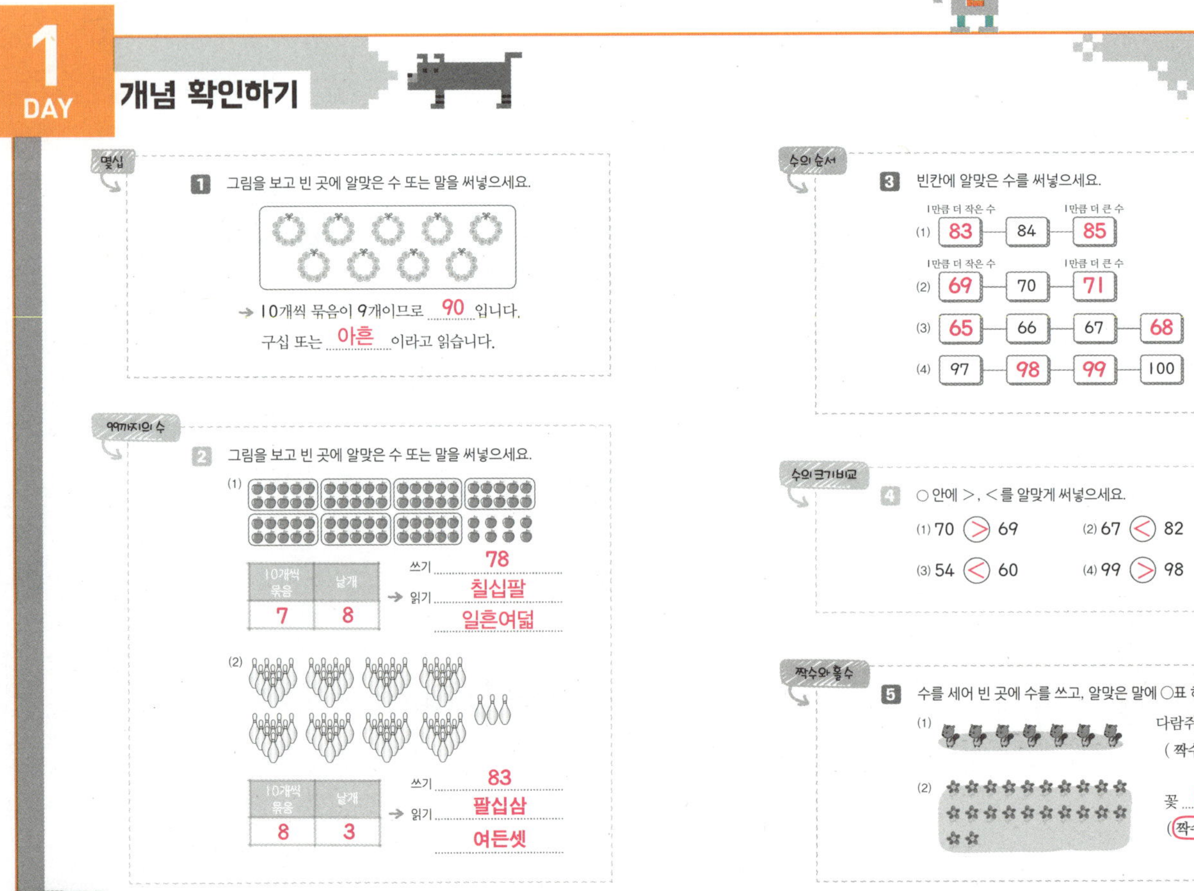

몇십

1 그림을 보고 빈 곳에 알맞은 수 또는 말을 써넣으세요.

→ 10개씩 묶음이 9개이므로 **90** 입니다.
구십 또는 **아흔** 이라고 읽습니다.

99까지의 수

2 그림을 보고 빈 곳에 알맞은 수 또는 말을 써넣으세요.

(1)

10개씩 묶음	낱개
7	8

쓰기 **78**
읽기 **칠십팔**
일흔여덟

(2)

10개씩 묶음	낱개
8	3

쓰기 **83**
읽기 **팔십삼**
여든셋

수의 순서

3 빈칸에 알맞은 수를 써넣으세요.

(1) |만큼 더 작은 수 **83** — 84 — |만큼 더 큰 수 **85**

(2) |만큼 더 작은 수 **69** — 70 — |만큼 더 큰 수 **71**

(3) **65** — 66 — 67 — **68**

(4) 97 — **98** — **99** — 100

수의 크기 비교

4 ○ 안에 >, <를 알맞게 써넣으세요.

(1) 70 > 69   (2) 67 < 82

(3) 54 < 60   (4) 99 > 98

짝수와 홀수

5 수를 세어 빈 곳에 수를 쓰고, 알맞은 말에 ○표 하세요.

(1) 다람쥐 **7** 마리
(짝수 , (홀수))

(2) 꽃 **22** 송이
((짝수) , 홀수)

14쪽   15쪽

2 DAY · 100까지의 수

대표 문제 1

채은이는 고무줄을 한 묶음에 10개씩 6묶음 샀습니다.
채은이가 산 고무줄은 모두 몇 개일까요?

문제읽고
❶ 무엇을 구하는 문제인가요? 구하는 것에 밑줄 치세요.
❷ 주어진 것은 무엇인가요? ○표 하고 답하세요.

10개씩 묶음	낱개
6	0

풀이쓰고
❸ 고무줄의 수를 10개씩 묶음과 낱개를 이용해서 구하세요.
10개씩 묶음 6 개는 60 입니다.

❹ 답을 쓰세요.
고무줄은 모두 60개 입니다.

대표 문제 3

사탕 73개를 한 봉지에 10개씩 담으려고 합니다.
사탕은 몇 봉지가 되고 몇 개가 남을까요?

문제읽고
❶ 무엇을 구하는 문제인가요? 구하는 것에 밑줄 치세요.
❷ 주어진 것은 무엇인가요? ○표 하고 답하세요.
전체 사탕 73 개, 한 봉지에 담는 사탕 10 개

풀이쓰고
❸ 사탕의 수를 10개씩 묶음과 낱개로 나타내세요.
73은 70 과 3 으로 나눌 수 있습니다.
73은 10개씩 묶음 7 개와 낱개 3 개입니다.

❹ 답을 쓰세요.
사탕은 7봉지 가 되고 3개 가 남습니다.

한번 더 OK 2

꽃 가게에 장미가 10송이씩 9묶음과 낱개 7송이 있습니다.
장미는 모두 몇 송이일까요?

문제읽고
❶ 무엇을 구하는 문제인가요? 구하는 것에 밑줄 치세요.
❷ 주어진 것은 무엇인가요? ○표 하고 답하세요.

10송이씩 묶음	낱개
9	7

풀이쓰고
❸ 장미의 수를 10개씩 묶음과 낱개를 이용해서 구하세요.
10개씩 묶음 9개는 90 이고 낱개 7 개가 있으므로
모두 97 입니다.

❹ 답을 쓰세요.
장미는 모두 97송이 입니다.

한번 더 OK 4

송편 56개를 한 상자에 10개씩 담으려고 합니다.
송편은 몇 상자가 되고 몇 개가 남을까요?

문제읽고
❶ 무엇을 구하는 문제인가요? 구하는 것에 밑줄 치세요.
❷ 주어진 것은 무엇인가요? ○표 하고 답하세요.
전체 송편 56 개, 한 상자에 담는 송편 10 개

풀이쓰고
❸ 송편의 수를 10개씩 묶음과 낱개로 나타내세요.
56은 50 과 6 으로 나눌 수 있습니다.
56은 10개씩 묶음 5 개와 낱개 6 개입니다.

❹ 답을 쓰세요.
송편은 5상자 가 되고 6개 가 남습니다.

문장제 실력쌓기 1

1 과수원에서 사과를 한 상자에 10개씩 9상자에 담았더니 5개의 사과가 남았습니다. 사과는 모두 몇 개일까요?

풀이 10개씩 묶음 9개는 90 이고 낱개 5 개가 있으므로
사과는 모두 95 개입니다.

문제읽기 CHECK
☐ 구하는 것에 밑줄,
주어진 것에 ○표!
☐ 사과는?

10개씩 묶음	낱개
9	5

답 95개

3 동민이는 딱지 68장을 10장씩 묶어 보관하고 묶을 수 없는 딱지는 동생에게 주려고 합니다. 동민이가 보관하는 딱지는 몇 묶음이 되고 동생에게 주는 딱지는 몇 장일까요?

풀이 68은 10개씩 묶음 6개와
낱개 8개입니다.
따라서 보관하는 딱지는 6묶음이 되고
동생에게 주는 딱지는 8장입니다.

문제읽기 CHECK
☐ 구하는 것에 밑줄,
주어진 것에 ○표!
☐ 전체 딱지는? 68 장
☐ 한 묶음에 묶는 딱지는? 10 장

답 6묶음 , 8장

2 체육 시간에 사용한 탁구공 79개를 한 주머니에 10개씩 넣으려고 합니다. 탁구공을 몇 개의 주머니에 넣고 몇 개가 남을까요?

풀이 79는 10개씩 묶음 7 개와 낱개 9 개입니다.
따라서 탁구공을 7 개의 주머니에 넣고 9 개가 남습니다.

문제읽기 CHECK
☐ 구하는 것에 밑줄,
주어진 것에 ○표!
☐ 전체 탁구공은? 79 개
☐ 한 주머니에 넣는 탁구공은? 10 개

답 7개 , 9개

4 인형 공장에서 곰 인형 82개를 한 상자에 10개씩 담아 팔려고 합니다. 상자에 담아 팔 수 있는 곰 인형은 몇 상자일까요?

풀이 ❶ 곰 인형의 수를 10개씩 묶음과 낱개로 나타내세요.
82는 10개씩 묶음 8개와
낱개 2개입니다.

❷ 상자에 담아 팔 수 있는 곰 인형은 몇 상자인지 구하세요.
낱개 2개는 상자에 담아 팔 수 없으므로
팔 수 있는 곰 인형은 8상자입니다.

문제읽기 CHECK
☐ 구하는 것에 밑줄,
주어진 것에 ○표!
☐ 전체 곰 인형은? 82 개
☐ 한 상자에 담는 곰 인형은? 10 개

답 8상자

3 DAY 수의 순서

1

100개의 도미노에 번호를 붙여서 순서대로 놓았습니다.
해솔이는 94번 도미노를 뽑았고,
은지는 해솔이의 도미노보다 1만큼 더 작은 수의 번호를 뽑았습니다.
은지가 뽑은 도미노는 몇 번일까요?

문제읽고
❶ 무엇을 구하는 문제인가요? 구하는 것에 밑줄 치세요.
❷ 주어진 것은 무엇인가요? ○표 하고 답하세요.
　해솔 : __94__ 번, 은지 : 해솔이보다 __1__ 만큼 더 작은 수를 뽑았습니다.

풀이쓰고
❸ 94보다 1만큼 더 작은 수를 구하세요.

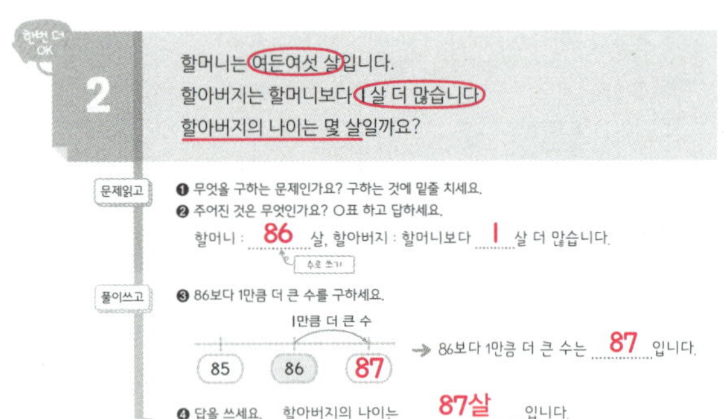

　→ 94보다 1만큼 더 작은 수는 __93__ 입니다.

❹ 답을 쓰세요. 은지가 뽑은 도미노는 __93번__ 입니다.

2

할머니는 여든여섯 살입니다.
할아버지는 할머니보다 1살 더 많습니다.
할아버지의 나이는 몇 살일까요?

문제읽고
❶ 무엇을 구하는 문제인가요? 구하는 것에 밑줄 치세요.
❷ 주어진 것은 무엇인가요? ○표 하고 답하세요.
　할머니 : __86__ 살, 할아버지 : 할머니보다 __1__ 살 더 많습니다.

풀이쓰고
❸ 86보다 1만큼 더 큰 수를 구하세요.

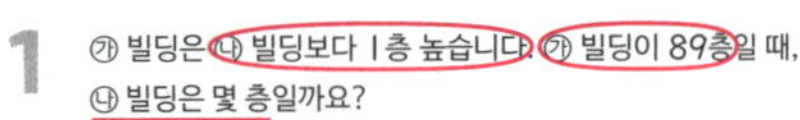
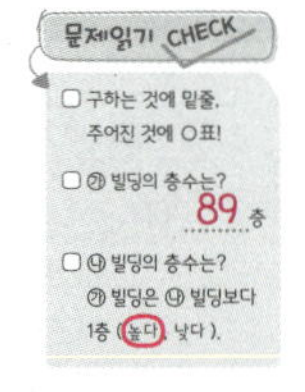

　→ 86보다 1만큼 더 큰 수는 __87__ 입니다.

❹ 답을 쓰세요. 할아버지의 나이는 __87살__ 입니다.

3

주말 농장에서 감자를 준호는 67개 민정이는 69개 캤습니다.
영재는 준호와 민정이가 캔 감자의 수 사이에 있는 수만큼 캤습니다.
영재가 캔 감자는 몇 개일까요?

문제읽고
❶ 구하는 것에 밑줄 치고, 주어진 것에 ○표 하세요.
❷ 준호와 민정이가 캔 감자는 각각 몇 개인가요?
　준호 __67__ 개, 민정 __69__ 개

풀이쓰고
❸ 67과 69 사이에 있는 수를 구하세요.
　사이에 있는 수

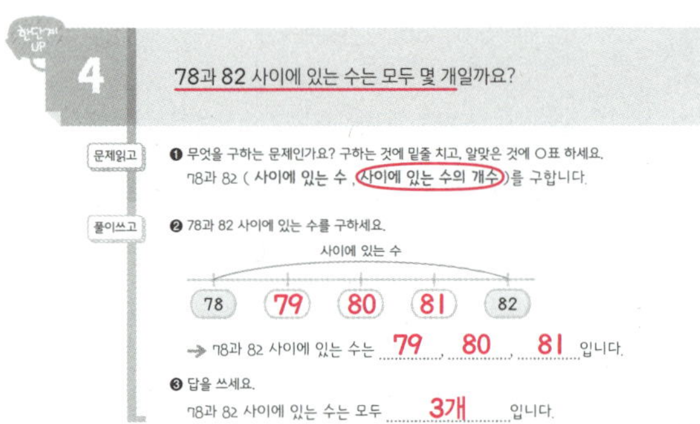

　→ 67과 69 사이에 있는 수는 __68__ 입니다.

❹ 답을 쓰세요.
　영재가 캔 감자는 __68개__ 입니다.

4

78과 82 사이에 있는 수는 모두 몇 개일까요?

문제읽고
❶ 무엇을 구하는 문제인가요? 구하는 것에 밑줄 치고, 알맞은 것에 ○표 하세요.
　78과 82 (사이에 있는 수 , 사이에 있는 수의 개수)를 구합니다.

풀이쓰고
❷ 78과 82 사이에 있는 수를 구하세요.
　사이에 있는 수

| 78 | 79 | 80 | 81 | 82 |

　→ 78과 82 사이에 있는 수는 __79__ , __80__ , __81__ 입니다.

❸ 답을 쓰세요.
　78과 82 사이에 있는 수는 모두 __3개__ 입니다.

문장제 실력쌓기 2

1

㉮ 빌딩은 ㉯ 빌딩보다 1층 높습니다. ㉮ 빌딩이 89층일 때,
㉯ 빌딩은 몇 층일까요?

풀이
❶ 알맞은 말에 ○표 하세요.
　㉮ 빌딩이 ㉯ 빌딩보다 1층 (높으므로 , 낮으므로)
　㉯ 빌딩은 ㉮ 빌딩보다 1층 (높습니다 , 낮습니다).
❷ ㉯ 빌딩은 몇 층인지 구하세요.
　89보다 1만큼 더 (작은 , 큰) 수는 __88__ 이므로
　㉯ 빌딩은 __88__ 층입니다.

문제읽기 CHECK
□ 구하는 것에 밑줄,
　주어진 것에 ○표!
□ ㉮ 빌딩의 층수는?　__89__ 층
□ ㉯ 빌딩의 층수는?
　㉮ 빌딩보다
　1층 (높다 , 낮다)

답　__88층__

2

원우, 지민, 성주가 공연장에 갔습니다. 원우의 자리는 73번
이고 지민이의 자리는 75번입니다. 성주는 원우와 지민이 자
리 사이에 앉았습니다. 성주의 자리는 몇 번일까요?

풀이 73과 75 사이에 있는 수는 74이므로
성주의 자리는 74번입니다.

문제읽기 CHECK
□ 구하는 것에 밑줄,
　주어진 것에 ○표!
□ 원우의 자리는?　__73__ 번
□ 지민이의 자리는?　__75__ 번

답　__74번__

3

85와 93 사이에 있는 수는 모두 몇 개일까요?

풀이 ❶ 85와 93 사이에 있는 수를 모두 쓰세요.
　86, 87, 88, 89, 90, 91, 92

❷ 85와 93 사이에 있는 수의 개수를 구하세요.
　모두 7개입니다.

문제읽기 CHECK
□ 구하는 것에 밑줄!
□ 85와 93 사이에는
　85와 93이 포함
　(된다 , 안 된다)

답　__7개__

4

현서가 탄 엘리베이터는 모든 짝수 층에서 문이 열리고 홀수 층
에서는 열리지 않습니다. 이 엘리베이터는 올라가는 중이고,
지금 58층에 섰다면 다음번에 문이 열리는 층수는 몇 층일까
요?

풀이 ❶ 수를 58부터 순서대로 5개 쓰세요.
　58 — 59 — 60 — 61 — 62

❷ 다음번에 문이 열리는 층수는 몇 층인지 구하세요.
　58 다음에 오는 짝수는 60이므로
　다음번에 문이 열리는 층수는
　60층입니다.

문제읽기 CHECK
□ 구하는 것에 밑줄,
　주어진 것에 ○표!
□ 엘리베이터는
　(짝수 , 홀수) 층에서
　문이 열린다.
□ 지금 엘리베이터는?　__58__ 층

답　__60층__

4 DAY 수의 크기 비교

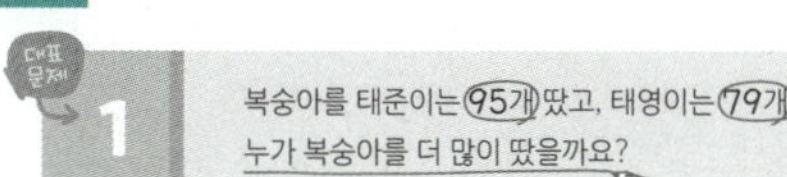

1

복숭아를 태준이는 95개 땄고, 태영이는 79개 땄습니다.
누가 복숭아를 더 많이 땄을까요?

문제읽고
❶ 무엇을 구하는 문제인가요? 구하는 것에 밑줄 치세요.
❷ 주어진 것은 무엇인가요? ○표 하고 답하세요.
　태준이가 딴 복숭아 **95** 개, 태영이가 딴 복숭아 **79** 개

풀이쓰고
❸ 두 사람이 딴 복숭아 수의 크기를 비교하여 >, <로 나타내세요.
　태준 : 95 – 10개씩 묶음이 **9** 개
　태영 : 79 – 10개씩 묶음이 **7** 개
　10개씩 묶음을 비교하면 9 > 7이므로 95 > 79입니다.
❹ 답을 쓰세요.
　태준 이가 복숭아를 더 많이 땄습니다.

3

과수원 창고에 사과와 배를 보관 중입니다.
사과는 83개 배는 아흔 개 있습니다.
더 적게 보관 중인 과일은 무엇일까요?

문제읽고
❶ 무엇을 구하는 문제인가요? 구하는 것에 밑줄 치세요.
❷ 주어진 것은 무엇인가요? ○표 하고 답하세요.
　사과 **83** 개, 배 **아흔** 개

풀이쓰고
❸ 배의 수를 숫자로 나타내요.
　아흔을 숫자로 나타내면 **90** 입니다.
❹ 사과와 배의 수의 크기를 비교하여 >, <로 나타내고 ○표 하세요.
　83 < 90이므로 (사과의 수), 배의 수가 더 작습니다.
❺ 답을 쓰세요.
　더 적게 보관 중인 과일은 **사과** 입니다.

2

문구점 진열장에 국어 공책은 63권 종합장은 66권 꽂혀 있습니다.
진열장에 더 많이 꽂혀 있는 것은 무엇일까요?

문제읽고
❶ 무엇을 구하는 문제인가요? 구하는 것에 밑줄 치세요.
❷ 주어진 것은 무엇인가요? ○표 하고 답하세요.
　국어 공책 **63** 권, 종합장 **66** 권

풀이쓰고
❸ 국어 공책과 종합장 수의 크기를 비교하여 >, <로 나타내고 ○표 하세요.
　63 < 66이므로 (국어 공책 수, 종합장 수)가 더 큽니다.
❹ 답을 쓰세요.
　진열장에 더 많이 꽂혀 있는 것은 **종합장** 입니다.

4

동화책을
예준이는 82쪽 승훈이는 87쪽 다빈이는 78쪽 읽었습니다.
동화책을 가장 적게 읽은 사람은 누구일까요?

문제읽고
❶ 무엇을 구하는 문제인가요? 구하는 것에 밑줄 치세요.
❷ 주어진 것은 무엇인가요? ○표 하고 답하세요.
　예준 **82** 쪽, 승훈 **87** 쪽, 다빈 **78** 쪽

풀이쓰고
❸ 예준, 승훈, 다빈이가 읽은 쪽수를 비교하여 작은 수부터 차례로 쓰세요.
　82, 87, 78을 작은 수부터 차례로 쓰면 **78** < **82** < **87** 입니다.
❹ 답을 쓰세요.
　동화책을 가장 적게 읽은 사람은 **다빈** 입니다.

문장제 실력쌓기 3

1

학교 미술실 책상 위에 물감은 낱개로 85개 붓은 89자루 놓여 있습니다. 책상 위에 더 많이 놓여 있는 것은 무엇일까요?

풀이 85 < 89이므로
　더 많이 놓여 있는 것은 **붓** 입니다.

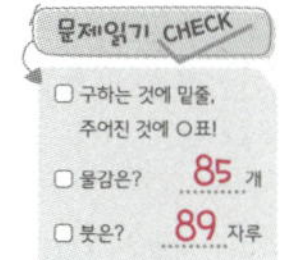

답 **붓**

3

민수네 동아리 학생은 10명씩 줄을 세우면 5줄이 되고 4명이 남습니다. 여진이네 동아리 학생이 63명이라면 어느 동아리 학생이 더 적을까요?

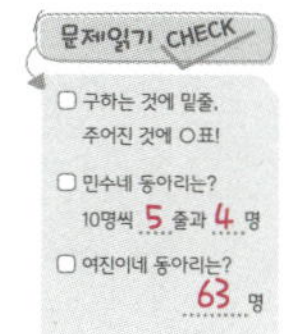

풀이 ❶ 민수네 동아리 학생은 몇 명인가요?
　10명씩 5줄과 4명은 **54** 명입니다.

❷ 민수와 여진이네 동아리 학생 수의 크기를 비교하세요.
　54 < 63이므로
　민수 네 동아리 학생이 더 적습니다.

답 **민수네 동아리**

2

바둑통 안에 검은색 바둑돌이 86개, 흰색 바둑돌이 76개 담겨 있습니다. 어느 바둑돌이 더 적게 담겨 있을까요?

풀이 86 > 76이므로
　흰색 바둑돌이 더 적게 담겨 있습니다.

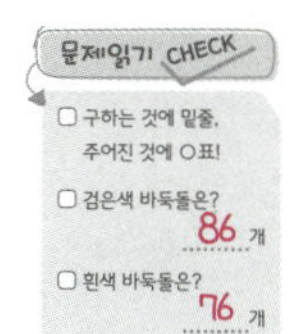

답 **흰색 바둑돌**

4

승준, 연경, 혜주가 줄넘기를 하였습니다. 승준이는 93번 연경이는 여든아홉 번을 넘었고, 혜주는 승준이보다 1번 더 많이 넘었습니다. 줄넘기를 많이 넘은 순서대로 이름을 쓰세요.

풀이 ❶ 연경이와 혜주가 넘은 줄넘기 수를 숫자로 나타내요.
　연경 : 여든아홉 → 89
　혜주 : 93보다 1만큼 더 큰 수 → 94

❷ 세 사람이 넘은 줄넘기 수의 크기를 비교하여 줄넘기를 많이 넘은 순서대로 이름을 쓰세요.
　큰 수부터 차례로 쓰면 94 > 93 > 89이므로
　줄넘기를 많이 넘은 순서대로 이름을 쓰면
　혜주, 승준, 연경입니다.

답 **혜주, 승준, 연경**

　

수 카드로 몇십몇 만들기 

1 〔대표문제〕

세 장의 수 카드 중에서 ②장을 뽑아 한 번씩만 사용하여 가장 큰 몇십몇을 만드세요.

③ ⑤ ⑨

문제읽고
❶ 구하는 것에 밑줄 치고, 주어진 것에 ○표 하세요.
❷ 가장 큰 수를 만들려면 어떻게 해야 하나요?
 10개씩 묶음의 수가 클수록 큰 수입니다.
 → 앞에서부터 차례로 (**큰** , 작은) 수를 놓습니다.

풀이쓰고
❸ 가장 큰 몇십몇을 만드세요.
 10개씩 묶음에 가장 큰 수인 **9** 를 놓고
 낱개에 둘째로 큰 수인 **5** 를 놓습니다.

 10개씩
 묶음 낱개
 9 **5**

❹ 답을 쓰세요.
 가장 큰 몇십몇은 **95** 입니다.

2 〔한번 더 OK〕

네 장의 수 카드 중에서 ②장을 뽑아 한 번씩만 사용하여 가장 큰 몇십몇을 만드세요.

⑦ ⑤ ⑥ ①

문제읽고
❶ 구하는 것에 밑줄 치고, 주어진 것에 ○표 하세요.

풀이쓰고
❷ 가장 큰 몇십몇을 만드세요.
 10개씩 묶음에 가장 큰 수인 **7** 을 놓고
 낱개에 둘째로 큰 수인 **6** 을 놓습니다.

 10개씩
 묶음 낱개
 7 **6**

❸ 답을 쓰세요.
 가장 큰 몇십몇은 **76** 입니다.

---

3 〔대표문제〕

세 장의 수 카드 중에서 ②장을 뽑아 한 번씩만 사용하여 가장 작은 몇십몇을 만드세요.

⑨ ② ③

문제읽고
❶ 구하는 것에 밑줄 치고, 주어진 것에 ○표 하세요.
❷ 가장 작은 수를 만들려면 어떻게 해야 하나요?
 10개씩 묶음의 수가 작을수록 작은 수입니다.
 → 앞에서부터 차례로 (큰 , **작은**) 수를 놓습니다.

풀이쓰고
❸ 가장 작은 몇십몇을 만드세요.
 10개씩 묶음에 가장 작은 수인 **2** 를 놓고
 낱개에 둘째로 작은 수인 **3** 을 놓습니다.

 10개씩
 묶음 낱개
 2 **3**

❹ 답을 쓰세요. 가장 작은 몇십몇은 **23** 입니다.

4 〔한단계 UP〕

세 장의 수 카드 중에서 ②장을 뽑아 한 번씩만 사용하여 가장 작은 수를 만드세요.

⓪ ④ ⑧ → ☐☐

문제읽고
❶ 구하는 것에 밑줄 치고, 주어진 것에 ○표 하세요.
❷ 맨 앞에 놓을 수 없는 수는 무엇인가요?
 03, 09, 05……는 몇십몇이 아니므로 맨 앞에 **0** 을 놓을 수 없습니다.

풀이쓰고
❸ 가장 작은 수를 만드세요.
 10개씩 묶음에 둘째로 작은 수인 **4** 를 놓고
 낱개에 가장 작은 수인 **0** 을 놓습니다.

 10개씩
 묶음 낱개
 4 **0**

❹ 답을 쓰세요.
 가장 작은 수는 **40** 입니다.

문장제 실력쌓기 4

1 세 장의 수 카드 중에서 ②장을 뽑아 한 번씩만 사용하여 가장 큰 몇십몇을 만드세요.

⑤ ⑦ ②

풀이 10개씩 묶음에 가장 큰 수인 **7** 을 놓고
낱개에 둘째로 큰 수인 **5** 를 놓습니다.
따라서 가장 큰 몇십몇은 **75** 입니다.

답 **75**

문제읽기 CHECK
☐ 구하는 것에 밑줄, 주어진 것에 ○표!
☐ 수 카드의 수를 큰 수부터 차례로 놓으면?
 7 > **5** > **2**

2 세 장의 수 카드 중에서 ②장을 뽑아 한 번씩만 사용하여 가장 작은 수를 만드세요.

① ⑧ ⑥ → ☐☐

풀이 10개씩 묶음에 가장 작은 수인 1을 놓고
낱개에 둘째로 작은 수인 6을 놓습니다.
따라서 가장 작은 수는 16입니다.

답 16

문제읽기 CHECK
☐ 구하는 것에 밑줄, 주어진 것에 ○표!
☐ 수 카드의 수를 작은 수부터 차례로 놓으면?
 1 < **6** < **8**

3 세 장의 수 카드 중에서 ②장을 뽑아 한 번씩만 사용하여 가장 큰 몇십몇을 만드세요.

③ ⑧ ⓪

풀이 10개씩 묶음에 가장 큰 수인 8을 놓고
낱개에 둘째로 큰 수인 3을 놓습니다.
따라서 가장 큰 몇십몇은 83입니다.

답 83

문제읽기 CHECK
☐ 구하는 것에 밑줄, 주어진 것에 ○표!
☐ 수 카드의 수를 큰 수부터 차례로 놓으면?
 8 > **3** > **0**

4 네 장의 수 카드 중에서 ②장을 뽑아 한 번씩만 사용하여 몇십몇을 만들려고 합니다. 만들 수 있는 수 중에서 가장 큰 수와 가장 작은 수를 차례로 구하세요.

⑨ ④ ⑥ ②

풀이 ❶ 가장 큰 몇십몇을 만드세요.
 10개씩 묶음에 가장 큰 수인 9를 놓고
 낱개에 둘째로 큰 수인 6을 놓습니다.
 따라서 가장 큰 몇십몇은 96입니다.

❷ 가장 작은 몇십몇을 만드세요.
 10개씩 묶음에 가장 작은 수인 2를 놓고
 낱개에 둘째로 작은 수인 4를 놓습니다.
 따라서 가장 작은 몇십몇은 24입니다.

답 **96** , **24**

문제읽기 CHECK
☐ 구하는 것에 밑줄, 주어진 것에 ○표!
☐ 가장 큰 수는? (**큰** , 작은) 수부터 차례로 놓는다.
☐ 가장 작은 수는? (큰 , **작은**) 수부터 차례로 놓는다.

6 DAY 문장제 서술형 평가

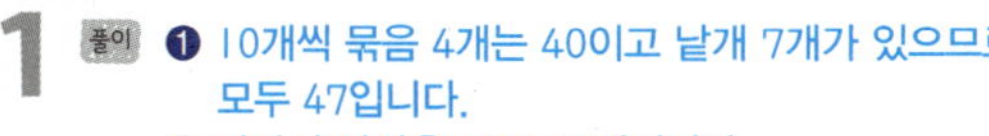

1 풀이
❶ 10개씩 묶음 4개는 40이고 낱개 7개가 있으므로
   모두 47입니다.
❷ 따라서 사탕은 모두 47개입니다.

답 **47개**

채점기준

❶ 사탕 수를 10개씩 묶음과 낱개로 구하면	3점
❷ 전체 사탕 수를 구하면	2점
	5점

2 풀이
❶ 10개씩 묶음 8개는 80입니다.
❷ 따라서 비누는 모두 80개이므로
   10개가 더 있어야 90개가 됩니다.

답 **10개**

채점기준

❶ 비누 8상자의 수를 10개씩 묶음으로 구하면	2점
❷ 비누가 몇 개 더 있어야 90개가 되는지 구하면	3점
	5점

3 풀이
❶ 79 다음 수는 80이고, 80 다음 수는 81입니다.
❷ 매일 2쪽씩 풀고 있으므로
   오늘은 80쪽과 81쪽을 풀어야 합니다.

답 **80쪽, 81쪽**

채점기준

❶ 79 다음 수를 차례로 2개 구하면	4점
❷ 오늘 몇 쪽을 풀어야 하는지 모두 구하면	1점
	5점

4 풀이
❶ 형준이네 가족은 고구마를 86개 캤습니다.
❷ 83<86이므로
❸ 형준이네 가족이 고구마를 더 많이 캤습니다.

답 **형준이네 가족**

채점기준

❶ 형준이네 가족이 캔 고구마의 수를 알아보면	2점
❷ 두 가족이 캔 고구마 수의 크기를 비교하면	2점
❸ 고구마를 더 많이 캔 가족을 쓰면	2점
	6 점

5 풀이
❶ 작은 수부터 차례로 쓰면 47<63<65이므로
❷ 초를 적게 꽂은 순서대로 쓰면
   초콜릿 케이크, 당근 케이크, 딸기 케이크입니다.

답 **초콜릿 케이크, 당근 케이크, 딸기 케이크**

채점기준

❶ 초의 수를 비교하여 작은 수부터 차례로 쓰면	4점
❷ 초를 적게 꽂은 순서대로 케이크를 쓰면	2점
	6점

6 풀이
❶ 10개씩 묶음에 가장 큰 수인 8을 놓고
   낱개에 둘째로 큰 수인 5를 놓습니다.
❷ 따라서 가장 큰 몇십몇은 85입니다.

답 **85**

채점기준

❶ 10개씩 묶음과 낱개에 놓이는 수를 구하면	4점
❷ 가장 큰 몇십몇을 만들면	2점
	6점

7 풀이 ❶ 10개씩 묶음에 0을 놓을 수 없으므로
둘째로 작은 수인 6을 놓고
낱개에 가장 작은 수인 0을 놓습니다.
❷ 따라서 가장 작은 수는 60입니다.

답 **60**

채점기준

❶ 10개씩 묶음과 낱개에 놓이는 수를 구하면	5점
❷ 가장 작은 수를 만들면	2점
	7점

8 풀이 ❶ 수를 66부터 70까지 차례로 쓰면
66 − 67 − 68 − 69 − 70이므로
66 다음에 오는 짝수는 68과 70입니다.
❷ 따라서 68번째와 70번째 가로수에 다람쥐 집을 더 지어야
하므로 모두 2그루입니다.

답 **2그루**

채점기준

❶ 66 다음에 오는 짝수를 구하면	4점
❷ 다람쥐 집을 더 지어야 하는 가로수의 수를 구하면	3점
	7점

주의 조건에 맞는 짝수의 개수를 구하여 답을 써야 합니다.

개구리를 도와 주세요

집으로 가는 길을 찾아 선으로 표시하세요.

개굴개굴~ 멀리서 엄마 개구리가 아기 개구리를 불러요.
이제 그만 놀고 집으로 돌아가야 해요.
그런데 아기 개구리가 집으로 돌아가는 길을 잊어버렸나 봐요.
아기 개구리가 집으로 돌아갈 수 있도록 도와 주세요.

35 쪽

2. 덧셈과 뺄셈 (1)

7 DAY 개념 확인하기

세 수의 덧셈 세 수의 뺄셈

1 빈 곳에 알맞은 수를 써넣으세요.

(1) $3+5+1=9$ 　8　9

(2) $7-2-4=1$ 　5　1

10이 되는 더하기

2 10이 되는 더하기를 하세요.

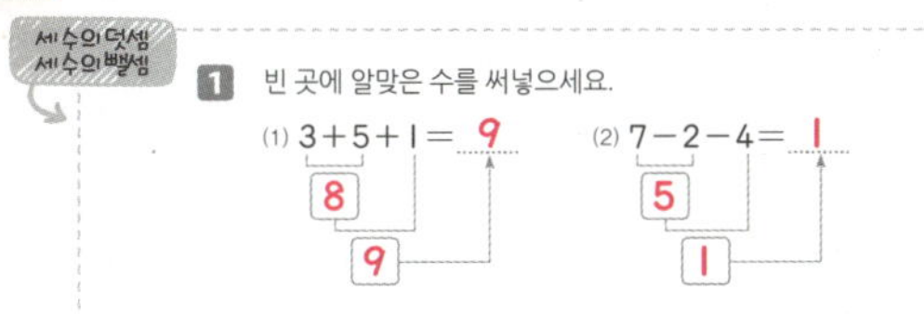

$1+9=10$ 　　$9+1=10$

$2+8=10$ 　　$8+2=10$

$3+7=10$ 　　$7+3=10$

$4+6=10$ 　　$6+4=10$

$5+5=10$

3 빈 곳에 알맞은 수를 써넣으세요.

(1) $2+8=10$ 　　(2) $7+3=10$

10에서 빼기

4 10에서 빼기를 하세요.

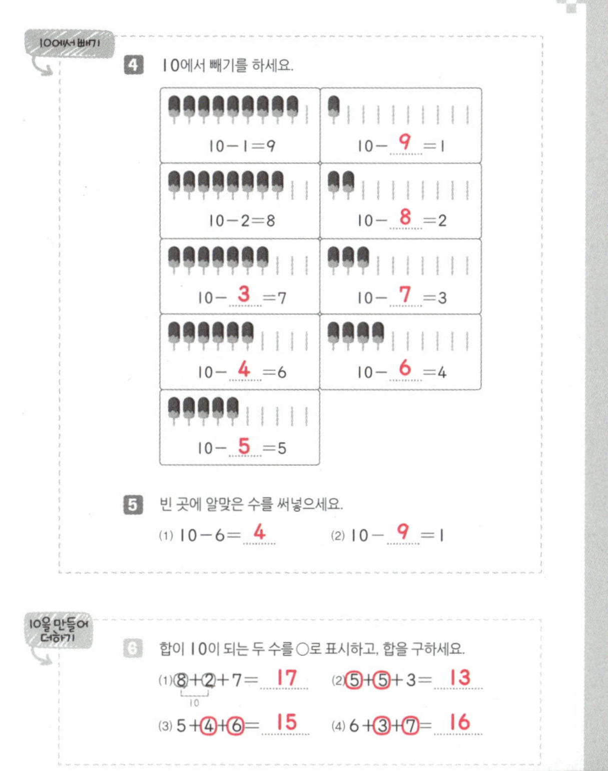

$10-1=9$ 　　$10-9=1$

$10-2=8$ 　　$10-8=2$

$10-3=7$ 　　$10-7=3$

$10-4=6$ 　　$10-6=4$

$10-5=5$

5 빈 곳에 알맞은 수를 써넣으세요.

(1) $10-6=4$ 　　(2) $10-9=1$

10을 만들어 더하기

6 합이 10이 되는 두 수를 ○로 표시하고, 합을 구하세요.

(1) $⑧+②+7=17$ 　　(2) $⑤+⑤+3=13$

(3) $5+④+⑥=15$ 　　(4) $6+③+⑦=16$

8 DAY — 10이 되는 더하기

1

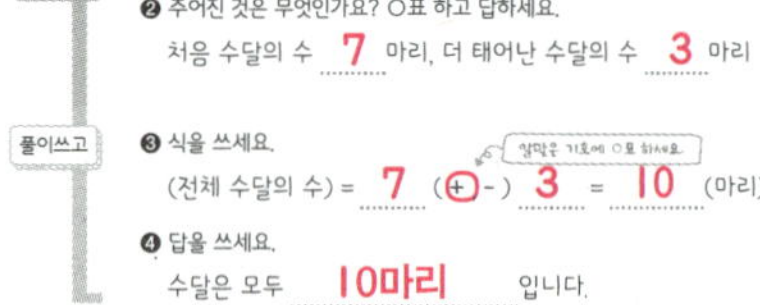

동물원에 수달이 (7마리) 있습니다.
오늘 수달이 (3마리)가 더 태어났습니다.
수달은 모두 몇 마리일까요?

문제읽고
❶ 무엇을 구하는 문제인가요? 구하는 것에 밑줄 치세요.
❷ 주어진 것은 무엇인가요? ○표 하고 답하세요.
　처음 수달의 수 **7** 마리, 더 태어난 수달의 수 **3** 마리

풀이쓰고
❸ 식을 쓰세요.
　(전체 수달의 수) = **7** (➕−) **3** = **10** (마리)
❹ 답을 쓰세요.
　수달은 모두 **10마리** 입니다.

3

영아네 모둠에는 남학생 (6명)과 여학생 (4명)이 있습니다.
영아네 모둠은 모두 몇 명일까요?

문제읽고
❶ 무엇을 구하는 문제인가요? 구하는 것에 밑줄 치세요.
❷ 주어진 것은 무엇인가요? ○표 하고 답하세요.
　남학생 수 **6** 명, 여학생 수 **4** 명

풀이쓰고
❸ 식을 쓰세요.
　(전체 학생 수) = **6** (➕−) **4** = **10** (명)
❹ 답을 쓰세요.
　영아네 모둠은 모두 **10명** 입니다.

2

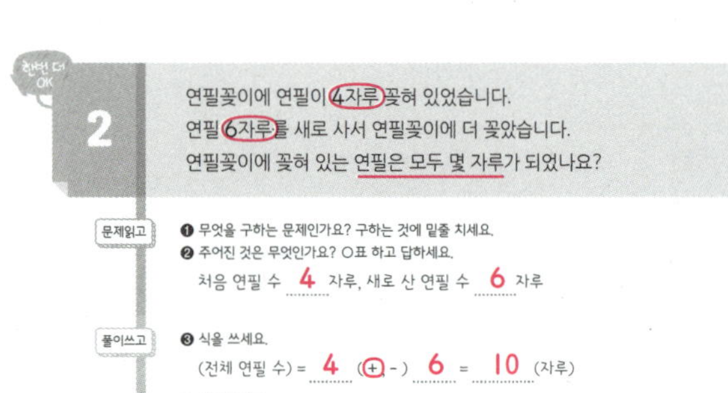

연필꽂이에 연필이 (4자루) 꽂혀 있었습니다.
연필 (6자루)를 새로 사서 연필꽂이에 더 꽂았습니다.
연필꽂이에 꽂혀 있는 연필은 모두 몇 자루가 되었나요?

문제읽고
❶ 무엇을 구하는 문제인가요? 구하는 것에 밑줄 치세요.
❷ 주어진 것은 무엇인가요? ○표 하고 답하세요.
　처음 연필 수 **4** 자루, 새로 산 연필 수 **6** 자루

풀이쓰고
❸ 식을 쓰세요.
　(전체 연필 수) = **4** (➕−) **6** = **10** (자루)
❹ 답을 쓰세요.
　연필은 모두 **10자루** 가 되었습니다.

4

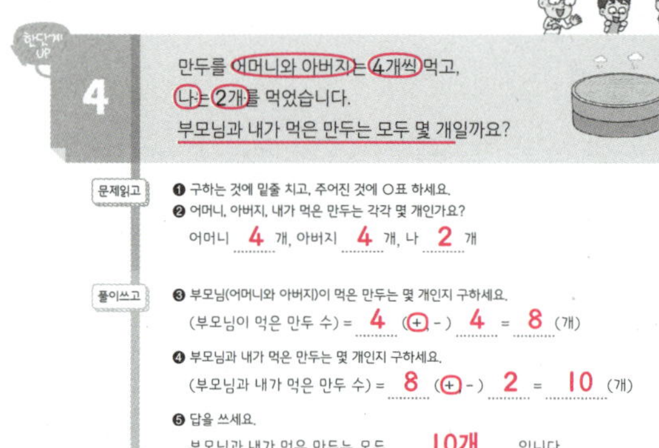

만두를 (어머니와 아버지)는 (4개)씩 먹고,
(나)는 (2개)를 먹었습니다.
부모님과 내가 먹은 만두는 모두 몇 개일까요?

문제읽고
❶ 구하는 것에 밑줄 치고, 주어진 것에 ○표 하세요.
❷ 어머니, 아버지, 내가 먹은 만두는 각각 몇 개인가요?
　어머니 **4** 개, 아버지 **4** 개, 나 **2** 개

풀이쓰고
❸ 부모님(어머니와 아버지)이 먹은 만두는 몇 개인지 구하세요.
　(부모님이 먹은 만두 수) = **4** (➕−) **4** = **8** (개)
❹ 부모님과 내가 먹은 만두는 몇 개인지 구하세요.
　(부모님과 내가 먹은 만두 수) = **8** (➕−) **2** = **10** (개)
❺ 답을 쓰세요.
　부모님과 내가 먹은 만두는 모두 **10개** 입니다.

1

사과를 수진이는 (9개) 땄고, 철웅이는 수진이보다 (1개 더 많이)
땄습니다. 철웅이가 딴 사과는 몇 개일까요?

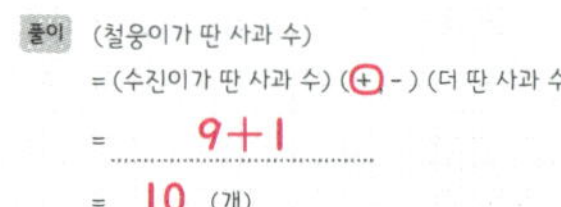

풀이 (철웅이가 딴 사과 수)
　= (수진이가 딴 사과 수) (➕−) (더 딴 사과 수)
　= **9+1**
　= **10** (개)

답 　**10개**

3

지환이는 칭찬 붙임딱지를 지난주에 (2장) 모았고, 이번 주에
(8장) 모았습니다. 지환이가 지난주와 이번 주에 모은 칭찬 붙
임딱지는 모두 몇 장일까요?

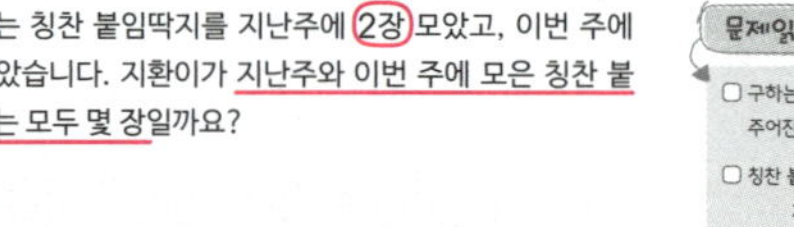
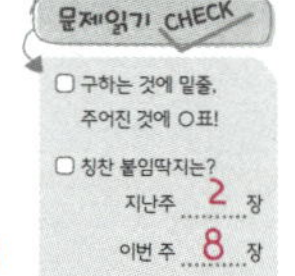

풀이
　(지난주와 이번 주에 모은 칭찬 붙임딱지 수)
　＝(지난주에 모은 칭찬 붙임딱지 수)
　　＋(이번 주에 모은 칭찬 붙임딱지 수)
　＝2+8
　＝10(장)

답 　**10장**

2

어항에 송사리가 (3마리) 있습니다. 오늘 송사리 (7마리)를 더 사서
넣었습니다. 어항에 있는 송사리는 모두 몇 마리일까요?

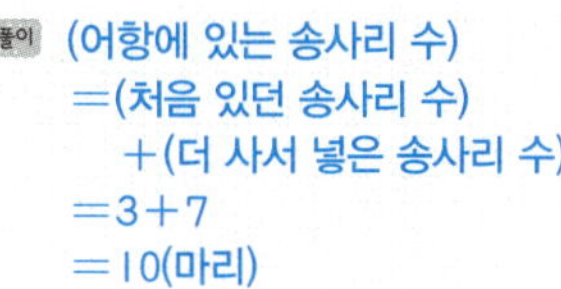
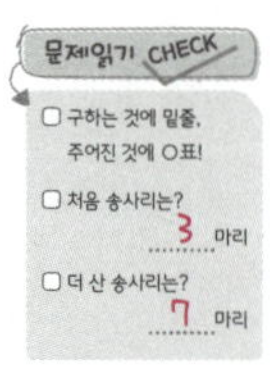

풀이 (어항에 있는 송사리 수)
　＝(처음 있던 송사리 수)
　　＋(더 사서 넣은 송사리 수)
　＝3+7
　＝10(마리)

답 　**10마리**

4

사탕을 (민용)이는 아침에 (3개) 점심에 (2개) 먹었고, (하연)이는
한꺼번에 (5개) 먹었습니다. 민용이와 하연이가 먹은 사탕은 모
두 몇 개일까요?

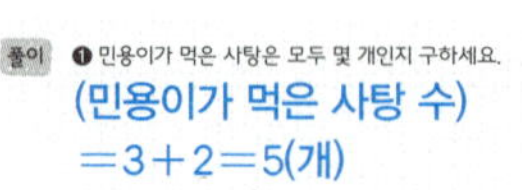

풀이 ❶ 민용이가 먹은 사탕은 모두 몇 개인지 구하세요.
　(민용이가 먹은 사탕 수)
　＝3+2=5(개)

❷ 민용이와 하연이가 먹은 사탕은 모두 몇 개인지 구하세요.
　(민용이와 하연이가 먹은 사탕 수)
　＝5+5=10(개)

답 　**10개**

9 DAY 10에서 빼기

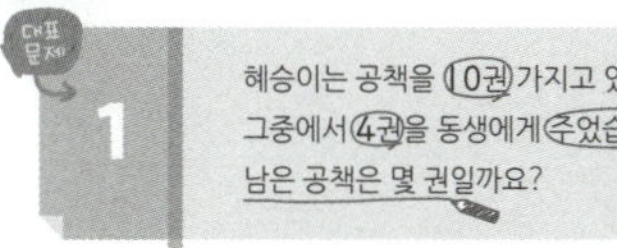

1

혜승이는 공책을 10권 가지고 있었습니다.
그중에서 4권을 동생에게 주었습니다.
남은 공책은 몇 권일까요?

문제읽고
❶ 무엇을 구하는 문제인가요? 구하는 것에 밑줄 치세요.
❷ 주어진 것은 무엇인가요? ○표 하고 답하세요.
처음 공책 수 __10__ 권, 동생에게 준 공책 수 __4__ 권

풀이쓰고
❸ 식을 쓰세요.
(남은 공책 수) = __10__ (+ ⊖) __4__ = __6__ (권)
❹ 답을 쓰세요.
남은 공책은 __6권__ 입니다.

3

원규는 연필 10자루를 선물 받았습니다.
원규가 가지고 있던 연필은 선물 받은 연필보다 7자루 더 적습니다.
원규가 가지고 있던 연필은 몇 자루일까요?

문제읽고
❶ 무엇을 구하는 문제인가요? 구하는 것에 밑줄 치세요.
❷ 주어진 것은 무엇인가요? ○표 하고 답하세요.
선물 받은 연필 : __10__ 자루,
가지고 있던 연필 : 선물 받은 연필보다 __7__ 자루 더 적습니다.

풀이쓰고
❸ 식을 쓰세요.
(가지고 있던 연필 수) = __10__ (+ ⊖) __7__ = __3__ (자루)
❹ 답을 쓰세요.
가지고 있던 연필은 __3자루__ 입니다.

2

운동장에서 10명의 어린이가 놀고 있었습니다.
그중에서 5명이 집으로 갔습니다.
운동장에 남아 있는 어린이는 몇 명일까요?

문제읽고
❶ 무엇을 구하는 문제인가요? 구하는 것에 밑줄 치세요.
❷ 주어진 것은 무엇인가요? ○표 하고 답하세요.
처음 어린이 수 __10__ 명, 집으로 간 어린이 수 __5__ 명

풀이쓰고
❸ 식을 쓰세요.
(남아 있는 어린이 수) = __10__ (+ ⊖) __5__ = __5__ (명)
❹ 답을 쓰세요.
운동장에 남아 있는 어린이는 __5명__ 입니다.

4

가온이는 젤리 2개를 가지고 있습니다.
오늘 언니에게 젤리 8개를 받고 은영이에게 6개를 주었습니다.
가온이에게 남은 젤리는 몇 개일까요?

문제읽고
❶ 구하는 것에 밑줄 치고, 주어진 것에 ○표 하세요.
❷ 가온이에게 남은 젤리가 몇 개인지 알려면 어떻게 해야 하나요?
받은 젤리 __8__ 개는 (더하고, 빼고), 준 젤리 __6__ 개는 (더합니다, 뺍니다).

풀이쓰고
❸ 언니에게 받은 다음 젤리는 몇 개인지 구하세요.
(언니에게 받은 다음 젤리 수) = __2__ (⊕ -) __8__ = __10__ (개)
❹ 은영이에게 주고 남은 젤리는 몇 개인지 구하세요.
(남은 젤리 수) = __10__ (+ ⊖) __6__ = __4__ (개)
❺ 답을 쓰세요.
가온이에게 남은 젤리는 __4개__ 입니다.

문장제 실력쌓기 2

1

어머니께서 꿀떡 10개를 언니와 동생에게 나누어 먹으라고 주셨습니다. 그중에서 동생이 5개를 먹고, 나머지는 언니가 먹었습니다. 언니는 꿀떡을 몇 개 먹었을까요?

풀이 (언니가 먹은 꿀떡 수)
= (어머니께서 주신 꿀떡 수) (+ ⊖) (동생이 먹은 꿀떡 수)
= __10 − 5__
= __5__ (개)

문제읽기 CHECK
☐ 구하는 것에 밑줄, 주어진 것에 ○표!
☐ 전체 꿀떡은? __10__ 개
☐ 동생이 먹은 꿀떡은? __5__ 개

답 __5개__

3

용태는 동화책 10권과 만화책 1권을 가지고 있습니다. 동화책은 만화책보다 몇 권 더 많을까요?

풀이 (동화책과 만화책 수의 차)
= (동화책 수) − (만화책 수)
= 10 − 1
= 9(권)

문제읽기 CHECK
☐ 구하는 것에 밑줄, 주어진 것에 ○표!
☐ 동화책은? __10__ 권
☐ 만화책은? __1__ 권

답 __9권__

2

아윤이는 사탕 10개를 가지고 집으로 뛰어가다가 넘어졌습니다. 집에 와서 사탕의 수를 세어 보니 8개였습니다. 아윤이가 넘어지면서 잃어버린 사탕은 몇 개일까요?

풀이 (잃어버린 사탕 수)
= (처음 사탕 수) − (남은 사탕 수)
= 10 − 8
= 2(개)

문제읽기 CHECK
☐ 구하는 것에 밑줄, 주어진 것에 ○표!
☐ 처음 사탕은? __10__ 개
☐ 남은 사탕은? __8__ 개

답 __2개__

4

버스에 6명이 타고 있었습니다. 이번 정류장에서 4명이 타고 3명이 내렸습니다. 버스에 남은 사람은 몇 명일까요?

풀이 ❶ 승객이 탄 다음 버스에 있는 사람은 몇 명인지 구하세요.
(탄 다음 사람 수) = 6 + 4 = 10(명)

❷ 승객이 내린 다음 버스에 남은 사람은 몇 명인지 구하세요.
(내린 다음 사람 수) = 10 − 3 = 7(명)

문제읽기 CHECK
☐ 구하는 것에 밑줄, 주어진 것에 ○표!
☐ 처음에 있던 사람은? __6__ 명
☐ 탄 사람은? __4__ 명
☐ 내린 사람은? __3__ 명

답 __7명__

몇을 더했는지, 몇을 뺐는지 구하기

1

지우개가 3개 있었는데 몇 개를 더 사 와서 모두 10개가 되었습니다.
더 사 온 지우개는 몇 개일까요?

문제읽고
풀이쓰고

❶ 구하는 것에 밑줄 치고, 주어진 것에 ○표 하세요.

❷ 더 사 온 지우개를 ■개라 할 때, 다음 문장을 식으로 바꾸세요.

지우개 3개에 몇 개를 더 사 와서 10개가 되었습니다.

$$3 \; (+\,-) \; ■ = 10$$

❸ ■를 구하세요.

$3 + ■ = 10 \;\Rightarrow\; 3 + \boxed{7} = 10$ 이므로 ■는 **7** 입니다.

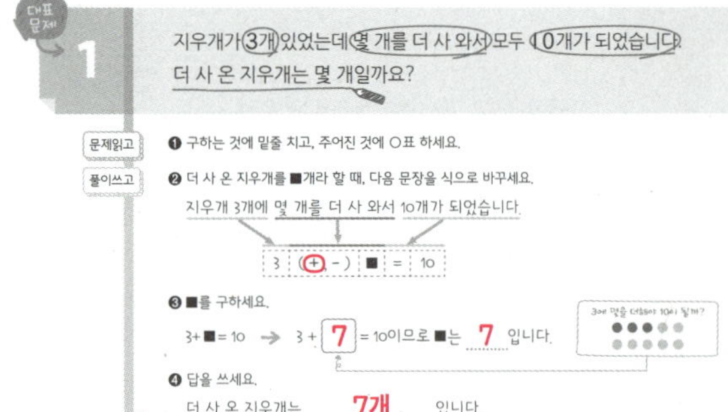

❹ 답을 쓰세요.

더 사 온 지우개는 **7개** 입니다.

3

접시에 땅콩이 10개 있었습니다.
은진이가 몇 개를 먹었더니 땅콩이 4개 남았습니다.
은진이가 먹은 땅콩은 몇 개일까요?

문제읽고
풀이쓰고

❶ 구하는 것에 밑줄 치고, 주어진 것에 ○표 하세요.

❷ 은진이가 먹은 땅콩을 ■개라 할 때, 다음 문장을 식으로 바꾸세요.

땅콩 10개에서 몇 개를 먹었더니 4개가 남았습니다.

$$10 \; (+\,-) \; ■ = 4$$

❸ ■를 구하세요.

$10 - ■ = 4 \;\Rightarrow\; 10 - \boxed{6} = 4$ 이므로 ■는 **6** 입니다.

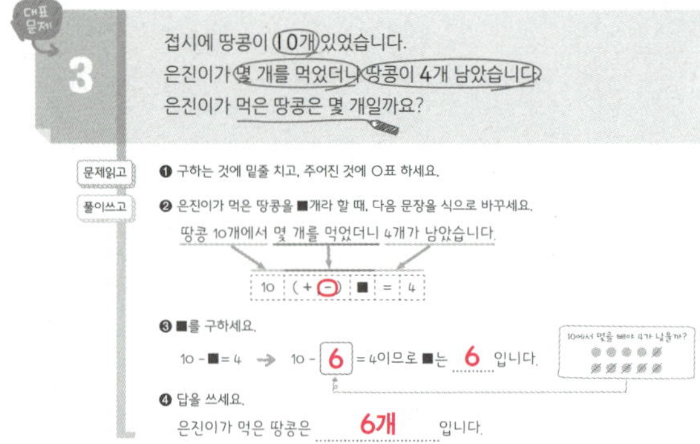

❹ 답을 쓰세요.

은진이가 먹은 땅콩은 **6개** 입니다.

2

바구니에 귤이 몇 개 있었는데 8개를 더 넣어서
모두 10개가 되었습니다.
처음 바구니에 있던 귤은 몇 개일까요?

문제읽고
풀이쓰고

❶ 구하는 것에 밑줄 치고, 주어진 것에 ○표 하세요.

❷ 처음 바구니에 있던 귤을 ■개라 할 때, 다음 문장을 식으로 바꾸세요.

귤 몇 개에 8개를 더 넣어서 10개가 되었습니다.

$$■ \; (+\,-) \; 8 = 10$$

❸ ■를 구하세요.

$■ + 8 = 10 \;\Rightarrow\; \boxed{2} + 8 = 10$ 이므로 ■는 **2** 입니다.

❹ 답을 쓰세요.   처음 바구니에 있던 귤은 **2개** 입니다.

4

혜리는 공책을 10권 가지고 있었습니다.
동생에게 몇 권을 주었더니 공책이 5권 남았습니다.
동생에게 준 공책은 몇 권일까요?

문제읽고
풀이쓰고

❶ 구하는 것에 밑줄 치고, 주어진 것에 ○표 하세요.

❷ 동생에게 준 공책을 ■권이라 할 때, 다음 문장을 식으로 바꾸세요.

공책 10권에서 몇 권을 주었더니 5권이 남았습니다.

$$10 \; (+\,-) \; ■ = 5$$

❸ ■를 구하세요.

$10 - ■ = 5 \;\Rightarrow\; 10 - \boxed{5} = 5$ 이므로 ■는 **5** 입니다.

❹ 답을 쓰세요.   동생에게 준 공책은 **5권** 입니다.

1

희승이는 몇 개의 구슬을 가지고 있었는데 우재에게 7개를 받
아서 모두 10개가 되었습니다. 희승이가 처음에 가지고 있던
구슬은 몇 개일까요?

풀이 ❶ 처음에 가지고 있던 구슬을 ■개라 할 때, 식을 세우세요.

$$■ \; (+\,-) \; 7 = 10$$

❷ ■를 구하세요.

$\boxed{3} + 7 = 10$ 이므로 ■는 **3** 입니다.

문제읽기 CHECK
☐ 구하는 것에 밑줄, 주어진 것에 ○표!
☐ 받은 구슬은? **7** 개
☐ 전체 구슬은? **10** 개

답 **3개**

3

연못 안에 오리가 10마리가 있었습니다. 몇 마리가 연못 밖으로
나가고, 연못 안에는 오리가 8마리 남았습니다. 연못 밖으로
나간 오리는 몇 마리일까요?

풀이 ❶ 연못 밖으로 나간 오리를 ☐마리라 할 때, 식을 세우세요.

$$10 - ☐ = 8$$

❷ ☐를 구하세요.

$10 - \boxed{2} = 8$ 이므로 ☐는 2입니다.

문제읽기 CHECK
☐ 구하는 것에 밑줄, 주어진 것에 ○표!
☐ 전체 오리는? **10** 마리
☐ 연못 안에 남은 오리는? **8** 마리

답 **2마리**

2

윤재는 지난달에 책꽂이에 꽂혀 있던 책 5권을 읽었습니다.
이번 달에는 나머지 책을 읽어 책꽂이에 꽂혀 있던 책 10권을
모두 읽었습니다. 윤재가 이번 달에 읽은 책은 몇 권일까요?

풀이 ❶ 이번 달에 읽은 책을 ☐권이라 할 때, 식을 세우세요.

$$5 + ☐ = 10$$

❷ ☐를 구하세요.

$5 + \boxed{5} = 10$ 이므로 ☐는 5입니다.

문제읽기 CHECK
☐ 구하는 것에 밑줄, 주어진 것에 ○표!
☐ 지난달에 읽은 책은? **5** 권
☐ 전체 책은? **10** 권

답 **5권**

4

화영이는 인형 6개를 가지고 있었습니다. 이모에게 인형 4개
를 선물 받고 친구에게 몇 개를 주었더니 남은 인형이 3개였
습니다. 화영이가 친구에게 준 인형은 몇 개일까요?

풀이 ❶ 이모에게 선물 받은 다음 인형 수를 구하세요.

(선물 받은 다음 인형 수) $= 6 + 4$
$= 10$(개)

❷ 친구에게 준 인형을 ☐개라 할 때, 식을 세우세요.

$$10 - ☐ = 3$$

❸ ☐를 구하세요.

$10 - \boxed{7} = 3$ 이므로 ☐는 7입니다.

문제읽기 CHECK
☐ 구하는 것에 밑줄, 주어진 것에 ○표!
☐ 가지고 있던 인형은? **6** 개
☐ 이모에게 받은 인형은? **4** 개
☐ 남은 인형은? **3** 개

답 **7개**

11 DAY 세 수의 덧셈과 뺄셈

1

연못에 물고기 ③마리와 개구리 ②마리, 오리 ④마리가 있습니다.
연못에 있는 물고기, 개구리, 오리는 모두 몇 마리일까요?

문제읽고
❶ 구하는 것에 밑줄 치고, 주어진 것에 ○표 하세요.
❷ 물고기, 개구리, 오리가 모두 몇 마리인지 알려면 어떻게 해야 하나요?
　3 마리, 2 마리, 4 마리를 모두 (더합니다, 뺍니다).

풀이쓰고
❸ 식을 쓰세요.
　(물고기, 개구리, 오리 수)
　= 3 (＋, -) 2 (＋, -) 4 = 9 (마리)
❹ 답을 쓰세요.
　연못에 있는 물고기, 개구리, 오리는 모두 **9마리** 입니다.

3

놀이터에 어린이 ⑦명이 놀고 있었습니다.
남자 어린이 ①명이 학원에 ⑦고, 여자 어린이 ②명이 집으로 ⑦습니다.
놀이터에 남아 있는 어린이는 몇 명일까요?

문제읽고
❶ 구하는 것에 밑줄 치고, 주어진 것에 ○표 하세요.
❷ 놀이터에 남아 있는 어린이가 몇 명인지 알려면 어떻게 해야 하나요?
　7 명에서 1 명과 2 명을 차례로 (더합니다, 뺍니다).

풀이쓰고
❸ 식을 쓰세요.
　(남아 있는 어린이 수)
　= 7 (＋, -) 1 (＋, -) 2 = 4 (명)
❹ 답을 쓰세요.
　놀이터에 남아 있는 어린이는 **4명** 입니다.

2

책꽂이에 만화책이 ⑥권, 동화책이 ④권 꽂혀 있습니다.
동화책을 5권 더 꽂았다면 책꽂이에 꽂힌 책은 모두 몇 권일까요?

문제읽고
❶ 구하는 것에 밑줄 치고, 주어진 것에 ○표 하세요.
❷ 책꽂이에 꽂힌 책이 모두 몇 권인지 알려면 어떻게 해야 하나요?
　6 권, 4 권, 5 권을 모두 (더합니다, 뺍니다).

풀이쓰고
❸ 식을 쓰세요.
　(책꽂이에 꽂힌 책 수)
　= 6 (＋, -) 4 (＋, -) 5 = 15 (권)
❹ 답을 쓰세요.
　책꽂이에 꽂힌 책은 모두 **15권** 입니다.

4

효진이네 집 냉장고에 달걀이 ⑩개 있었는데
아침에 ③개를 먹고, 저녁에 ③개를 먹었습니다.
냉장고에 남아 있는 달걀은 몇 개일까요?

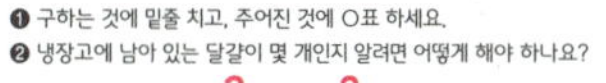

문제읽고
❶ 구하는 것에 밑줄 치고, 주어진 것에 ○표 하세요.
❷ 냉장고에 남아 있는 달걀이 몇 개인지 알려면 어떻게 해야 하나요?
　10 개에서 3 개와 3 개를 차례로 (더합니다, 뺍니다).

풀이쓰고
❸ 식을 쓰세요.
　(남아 있는 달걀 수)
　= 10 (＋, -) 3 (＋, -) 3 = 4 (개)
❹ 답을 쓰세요.
　냉장고에 남아 있는 달걀은 **4개** 입니다.

문장제 실력쌓기 4

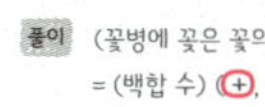

1

꽃병에 백합 ①송이, 장미 ⑤송이, 카네이션 ②송이를 꽂았습니다. 꽃병에 꽂은 꽃은 모두 몇 송이일까요?

풀이 (꽃병에 꽂은 꽃의 수)
　= (백합 수) (＋, -) (장미 수) (＋, -) (카네이션 수)
　= 1＋5＋2
　= 8 (송이)

문제읽기 CHECK
□ 구하는 것에 밑줄, 주어진 것에 ○표!
□ 백합은? 1 송이
□ 장미는? 5 송이
□ 카네이션은? 2 송이

답 8송이

3

엘리베이터에 ⑨명이 타고 있었습니다. 이번 층에서 어른 ④명, 어린이 ①명이 내렸습니다. 엘리베이터에 남은 사람은 몇 명일까요?

풀이 (남은 사람은 수)
　= (처음 사람 수)
　　-(내린 어른 수)-(내린 어린이 수)
　= 9-4-1
　= 4(명)

문제읽기 CHECK
□ 구하는 것에 밑줄, 주어진 것에 ○표!
□ 타고 있던 사람은? 9 명
□ 내린 사람은?
　어른 4 명
　어린이 1 명

답 4명

2

접시에 크림빵이 ④개, 단팥빵이 ⑦개 놓여 있습니다. 크림빵을 3개 더 놓았다면 접시에 놓인 빵은 모두 몇 개일까요?

풀이 (크림빵과 단팥빵 수)
　= (처음 크림빵 수)
　　+(단팥빵 수)+(더 놓은 크림빵 수)
　= 4＋7＋3
　= 14(개)

문제읽기 CHECK
□ 구하는 것에 밑줄, 주어진 것에 ○표!
□ 크림빵은? 4 개
□ 단팥빵은? 7 개
□ 더 놓은 크림빵은? 3 개

답 14개

4

예지는 ⑩개의 손가락을 모두 폈다가 ②개를 접고 다시 ⑤개를 접었습니다. 지금 펼친 손가락은 몇 개일까요?

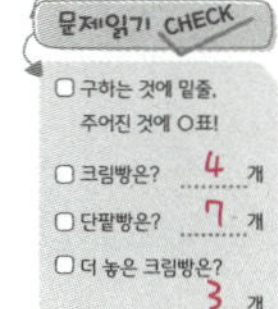

풀이 (지금 펼친 손가락 수)
　= (처음 펼친 손가락 수)
　　-(처음에 접은 손가락 수)
　　-(다시 접은 손가락 수)
　= 10-2-5
　= 3(개)

문제읽기 CHECK
□ 구하는 것에 밑줄, 주어진 것에 ○표!
□ 처음 펼친 손가락은? 10
□ 접은 손가락은? 2 개 5 개

답 3개

1 풀이 ❶ (전체 연의 수)
=(방패연의 수)+(가오리연의 수)
=8+2
❷ =10(개)

답 **10개**

채점기준
❶ 식을 세우면	3점
❷ 전체 연의 수를 구하면	2점
	5점

4 풀이 ❶ 놀이터에서 놀고 있던 어린이를 □명이라 하면
□+4=10입니다.
❷ 6+4=10이므로 □는 6입니다.
❸ 따라서 처음에 놀이터에서 놀고 있던 어린이는 6명입니다.

답 **6명**

채점기준
❶ □를 사용하여 식을 세우면	3점
❷ □에 알맞은 수를 구하면	2점
❸ 처음에 놀이터에서 놀고 있던 어린이의 수를 구하면	1점
	6점

참고 모르는 수를 □로 놓고 10이 되는 덧셈식을 세워야 합니다.

2 풀이 ❶ (장바구니에 담긴 당근 수)
=(전체 야채 수)−(오이 수)
=10−5
❷ =5(개)

답 **5개**

채점기준
❶ 식을 세우면	3점
❷ 장바구니에 담긴 당근의 수를 구하면	2점
	5점

5 풀이 ❶ 우리 밖으로 나간 돼지를 □마리라 하면
10−□=7
❷ 10−3=7이므로 □는 3입니다.
❸ 따라서 우리 밖으로 나간 돼지는 3마리입니다.

답 **3마리**

채점기준
❶ □를 사용하여 식을 세우면	3점
❷ □에 알맞은 수를 구하면	2점
❸ 우리 밖으로 나간 돼지의 수를 구하면	1점
	6점

참고 모르는 수를 □로 놓고 10에서 빼는 뺄셈식을 세워야 합니다.

3 풀이 ❶ (사탕 수)−(젤리 수)
=10−7
❷ =3(개)

답 **3개**

채점기준
❶ 식을 세우면	3점
❷ 젤리는 사탕보다 몇 개 더 적은지 구하면	2점
	5점

6 풀이 ❶ (이불 위에 놓여 있는 단추 수)
=(노란색 단추 수)+(파란색 단추 수)+(보라색 단추 수)
=6+8+2
❷ =16(개)

답 **16개**

채점기준
❶ 식을 세우면	3점
❷ 이불 위에 놓여 있는 단추의 수를 구하면	3점
	6점

56쪽　　　　　57쪽

7 풀이 ❶ (남은 풍선 수)
　　＝8－(날아간 풍선 수)－(터진 풍선 수)
　　＝8－3－4
❷ ＝1(개)

답 1개

채점기준

❶ 식을 세우면		3점
❷ 지훈이에게 남은 풍선의 수를 구하면		3점
		6점

8 풀이 ❶ (동생에게 주고 남은 색종이 수)
　　＝9－7＝2(장)
❷ 언니에게 받은 색종이를 □장이라 하면 2＋□＝10입니다.
2＋⑧＝10이므로 □는 8입니다.
따라서 언니에게 받은 색종이는 8장입니다.

답 8장

채점기준

❶ 동생에게 주고 남은 색종이의 수를 구하면		3점
❷ 언니에게 받은 색종이의 수를 구하면		4점
		7점

참고 모르는 수를 구하는 식이 포함되어 있으므로
각 단계마다 알맞은 식을 만들어 문제를 푸는 데 필요한 값을 찾아
가는 것이 좋습니다.

쉬어가기

공룡 친구들을 관찰해요

숨은 그림 8개를 찾아 ○표 해 주세요.

커다란 육식공룡, 작은 초식공룡…
지금은 멸종되어 사라진 공룡 친구들을 관찰해요.
숨은 그림도 찾아볼까요?

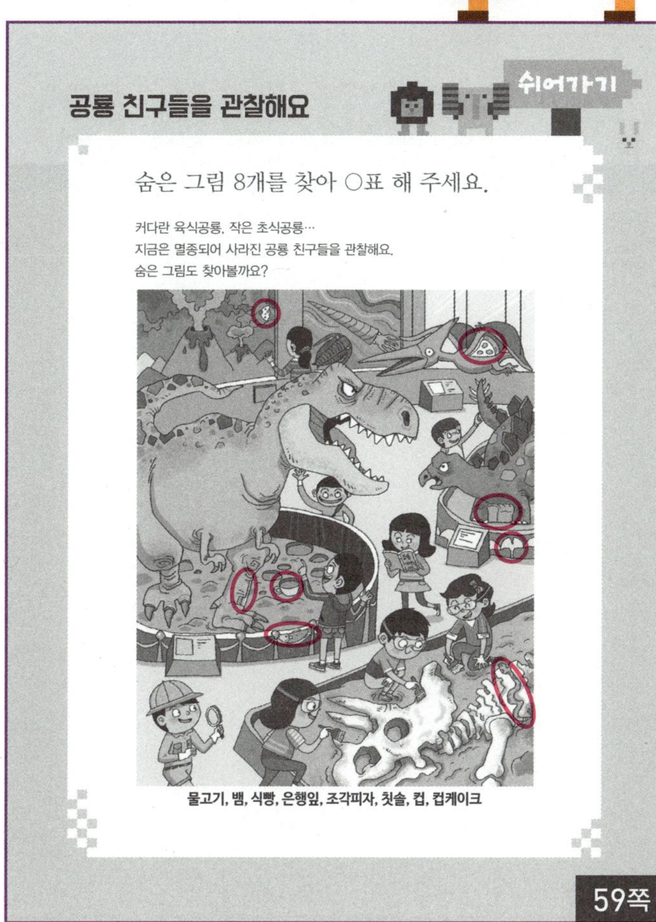

물고기, 뱀, 식빵, 은행잎, 조각피자, 칫솔, 컵, 컵케이크

59쪽

3. 덧셈과 뺄셈 (2)

서술형 문제의 풀이, 이렇게 쓰면 만점!
그런데 너희가 쓴 풀이와 조금 다르다고?
또, 제시된 풀이와 다른 방법으로 풀었다고?
괜찮아. 중요한 설명이 모두 맞았다면 OK!

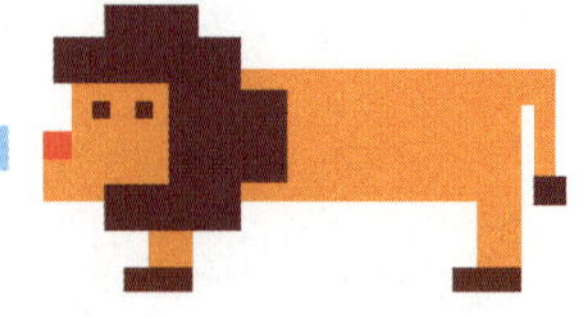

13 DAY 개념 확인하기

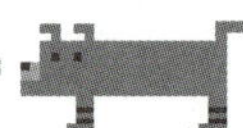

월 일

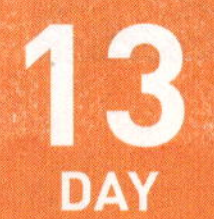

받아올림이 없는 덧셈하기

1 덧셈을 하세요.

(1)

	4	5
+		4
	4	9

(2)

	1	6
+	5	3
	6	9

(3) 20+8= 28 (4) 53+25= 78

받아내림이 없는 뺄셈하기

2 뺄셈을 하세요.

(1)

	9	0
−	7	0
	2	0

(2)

	5	7
−	4	5
	1	2

(3) 66−5= 61 (4) 74−41= 33

10을 이용하여 모으기와 가르기

3 10을 이용하여 모으기와 가르기를 하세요.

9, 3 → 12 → 10, 2

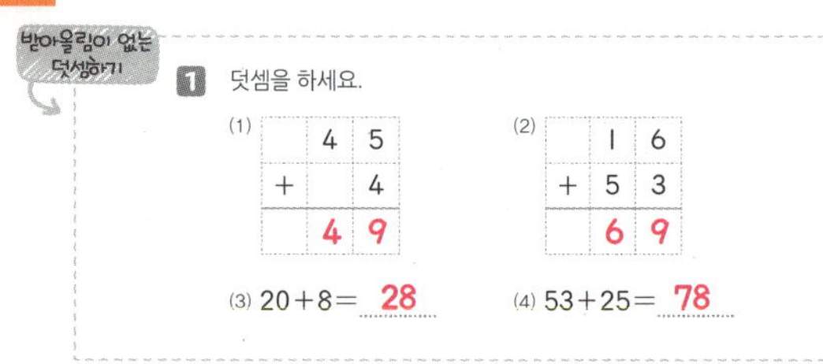

받아올림이 있는 (몇)+(몇)

4 10으로 만들어 덧셈을 하세요.

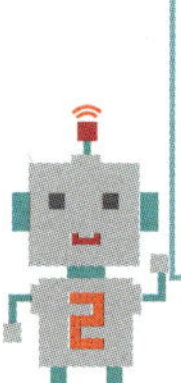

(1) 8+4= 12 (2, 2)

(2) 6+5= 11 (4, 1) (3) 9+7= 16 (6, 3)

(4) 9+6= 15 (5) 3+8= 11

받아내림이 있는 (십몇)−(몇)

5 가르기 하여 뺄셈을 하세요.

(1) 13−7= 6 (3, 4)

(2) 11−9= 2 (1, 8) (3) 15−8= 7 (10, 5)

(4) 14−5= 9 (5) 13−9= 4

62쪽 63쪽

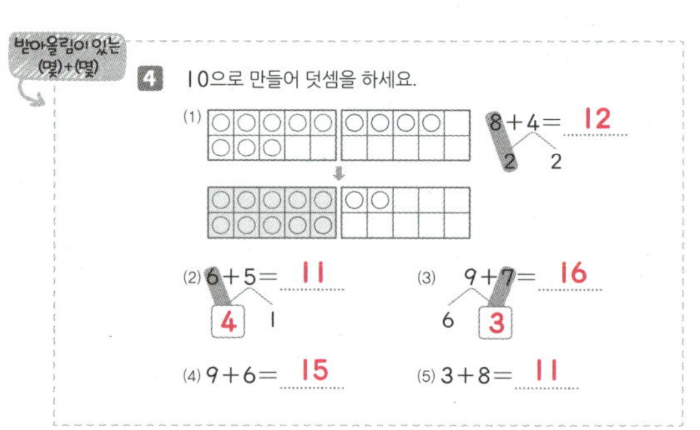

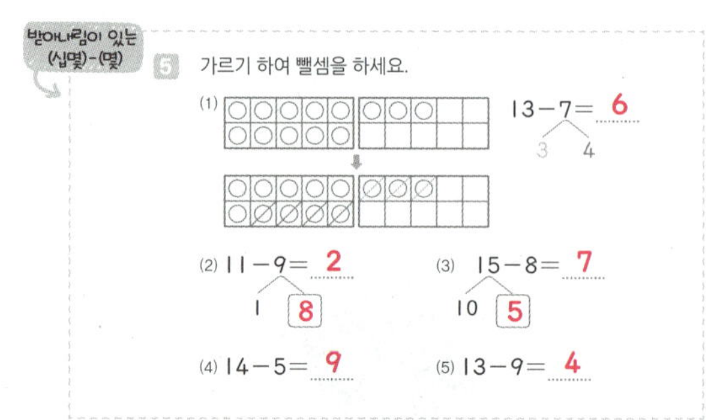

14 DAY 합 구하기

대표 문장제 익히기 1 월 일

대표문제 1 마당에 채송화가 12송이, 봉숭아가 35송이 피었습니다. 마당에 핀 채송화와 봉숭아는 모두 몇 송이일까요?

문제읽고
❶ 구하는 것에 밑줄 치고, 주어진 것에 ○표 하세요.
❷ 채송화와 봉숭아가 모두 몇 송이인지 알려면 어떻게 해야 하나요?
채송화 12 송이와 봉숭아 35 송이를 (더합니다, 뺍니다).

풀이쓰고
❸ 식을 쓰세요.
(채송화와 봉숭아 수) = 12 (+, -) 35 = 47 (송이)
❹ 답을 쓰세요.
마당에 핀 채송화와 봉숭아는 모두 47송이 입니다.

한번 더 OK 2 채소 가게에서 호박을 8개, 당근을 5개 샀습니다. 호박과 당근을 모두 몇 개 샀을까요?

문제읽고
❶ 구하는 것에 밑줄 치고, 주어진 것에 ○표 하세요.
❷ 호박과 당근을 모두 몇 개 샀는지 알려면 어떻게 해야 하나요?
호박 8 개와 당근 5 개를 (더합니다, 뺍니다).

풀이쓰고
❸ 식을 쓰세요.
(호박과 당근 수) = 8 (+, -) 5 = 13 (개)
❹ 답을 쓰세요.
호박과 당근을 모두 13개 샀습니다.

64쪽

대표문제 3 정수네 집에서는 오리를 34마리 키웁니다. 오늘 아버지께서 오리 4마리를 더 사 오셨습니다. 정수네 집에 오리는 모두 몇 마리가 되었을까요?

문제읽고
❶ 구하는 것에 밑줄 치고, 주어진 것에 ○표 하세요.
❷ 정수네 집에 오리가 모두 몇 마리가 되었는지 알려면 어떻게 해야 하나요?
키우던 오리 34 마리에 더 사 온 오리 4 마리를 (더합니다, 뺍니다).

풀이쓰고
❸ 식을 쓰세요.
(전체 오리 수) = 34 (+, -) 4 = 38 (마리)
❹ 답을 쓰세요.
정수네 집에 오리는 모두 38마리 가 되었습니다.

한번 더 OK 4 현서와 은주가 도토리를 주웠습니다. 현서는 6개를 주웠고, 은주는 현서보다 9개 더 많이 주웠습니다. 은주가 주운 도토리는 몇 개일까요?

문제읽고
❶ 구하는 것에 밑줄 치고, 주어진 것에 ○표 하세요.
❷ 은주가 주운 도토리가 몇 개인지 알려면 어떻게 해야 하나요?
현서가 주운 도토리 6 개에 은주가 더 많이 주운 도토리 9 개를 (더합니다, 뺍니다).

풀이쓰고
❸ 식을 쓰세요.
(은주가 주운 도토리 수) = 6 (+, -) 9 = 15 (개)
❹ 답을 쓰세요.
은주가 주운 도토리는 15개 입니다.

65쪽

문장제 실력쌓기 1

1 원희는 동화책을 어제 23쪽 읽었고, 오늘 32쪽 읽었습니다. 원희가 어제와 오늘 읽은 동화책은 모두 몇 쪽일까요?

풀이 (어제와 오늘 읽은 동화책 쪽수)
= (어제 읽은 동화책 쪽수) (+, -) (오늘 읽은 동화책 쪽수)
= 23+32
= 55 (쪽)

답 55쪽

문제읽기 CHECK
□ 구하는 것에 밑줄, 주어진 것에 ○표!
□ 어제 읽은 쪽수는? 23 쪽
□ 오늘 읽은 쪽수는? 32 쪽

2 목장에 소가 6마리, 양이 8마리 있습니다. 목장에 있는 소와 양은 모두 몇 마리일까요?

풀이 (소와 양의 수)
=(소의 수)+(양의 수)
=6+8
=14(마리)

답 14마리

문제읽기 CHECK
□ 구하는 것에 밑줄, 주어진 것에 ○표!
□ 소는? 6 마리
□ 양은? 8 마리

66쪽

3 사과와 귤을 상자에 담으려고 합니다. 사과는 한 상자에 25개 담고, 귤은 사과보다 11개 더 많이 담습니다. 귤은 한 상자에 몇 개 담을까요?

풀이 (한 상자에 담는 귤의 수)
=(한 상자에 담는 사과의 수)
+(더 담는 귤의 수)
=25+11
=36(개)

답 36개

문제읽기 CHECK
□ 구하는 것에 밑줄, 주어진 것에 ○표!
□ 한 상자에 담는 사과는? 25 개
□ 한 상자에 담는 귤은? 사과보다 11 개 더 많다.

4 쟁반에 빨간색 사탕이 9개 있고, 노란색 사탕은 빨간색 사탕보다 4개 더 많이 있습니다. 노란색 사탕은 몇 개일까요?

풀이 (노란색 사탕 수)
=(빨간색 사탕 수)
+(더 많은 노란색 사탕 수)
=9+4
=13(개)

답 13개

문제읽기 CHECK
□ 구하는 것에 밑줄, 주어진 것에 ○표!
□ 빨간색 사탕은? 9 개
□ 노란색 사탕은? 빨간색 사탕보다 4 개 더 많다.

67쪽

15 DAY 차 구하기

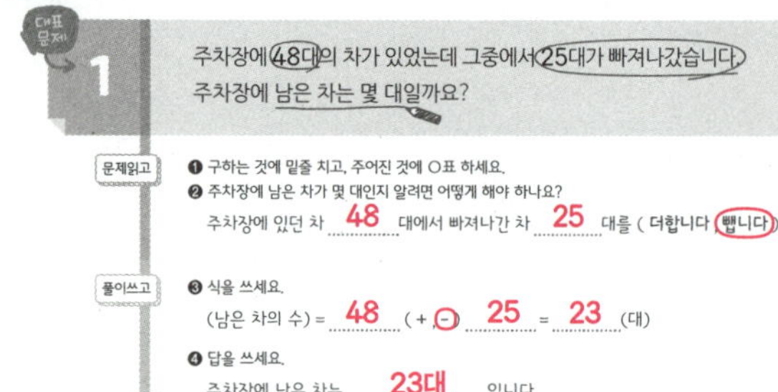

1 주차장에 48대의 차가 있었는데 그중에서 25대가 빠져나갔습니다. 주차장에 남은 차는 몇 대일까요?

문제읽고
① 구하는 것에 밑줄 치고, 주어진 것에 ○표 하세요.
② 주차장에 남은 차가 몇 대인지 알려면 어떻게 해야 하나요?
　주차장에 있던 차 __48__ 대에서 빠져나간 차 __25__ 대를 (더합니다 **뺍니다**).

풀이쓰고
③ 식을 쓰세요.
　(남은 차의 수) = __48__ (+ **－**) __25__ = __23__ (대)
④ 답을 쓰세요.
　주차장에 남은 차는 __23대__ 입니다.

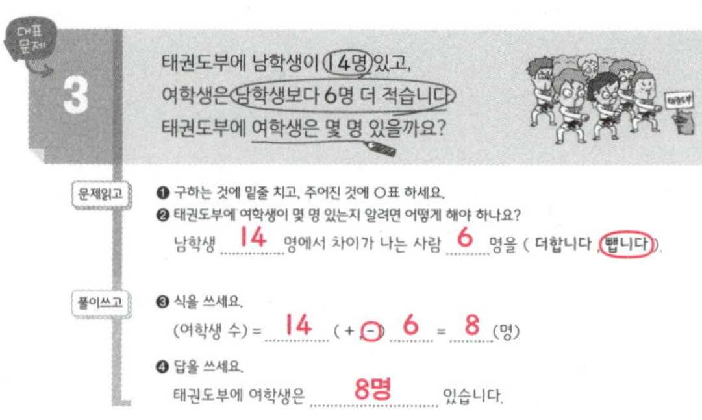

3 태권도부에 남학생이 14명 있고, 여학생은 남학생보다 6명 더 적습니다. 태권도부에 여학생은 몇 명 있을까요?

문제읽고
① 구하는 것에 밑줄 치고, 주어진 것에 ○표 하세요.
② 태권도부에 여학생이 몇 명 있는지 알려면 어떻게 해야 하나요?
　남학생 __14__ 명에서 차이가 나는 사람 __6__ 명을 (더합니다 **뺍니다**).

풀이쓰고
③ 식을 쓰세요.
　(여학생 수) = __14__ (+ **－**) __6__ = __8__ (명)
④ 답을 쓰세요.
　태권도부에 여학생은 __8명__ 있습니다.

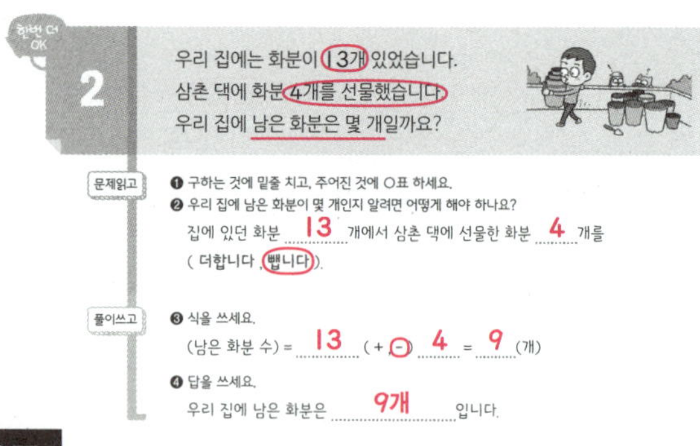

2 우리 집에는 화분이 13개 있었습니다. 삼촌 댁에 화분 4개를 선물했습니다. 우리 집에 남은 화분은 몇 개일까요?

문제읽고
① 구하는 것에 밑줄 치고, 주어진 것에 ○표 하세요.
② 우리 집에 남은 화분이 몇 개인지 알려면 어떻게 해야 하나요?
　집에 있던 화분 __13__ 개에서 삼촌 댁에 선물한 화분 __4__ 개를 (더합니다 **뺍니다**).

풀이쓰고
③ 식을 쓰세요.
　(남은 화분 수) = __13__ (+ **－**) __4__ = __9__ (개)
④ 답을 쓰세요.
　우리 집에 남은 화분은 __9개__ 입니다.

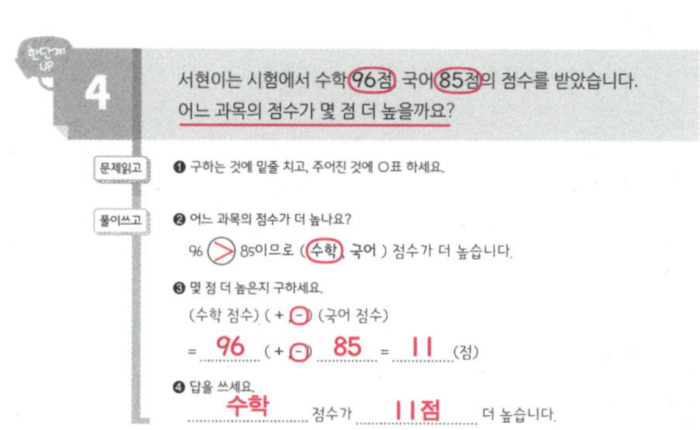

4 서현이는 시험에서 수학 96점, 국어 85점의 점수를 받았습니다. 어느 과목의 점수가 몇 점 더 높을까요?

문제읽고
① 구하는 것에 밑줄 치고, 주어진 것에 ○표 하세요.

풀이쓰고
② 어느 과목의 점수가 더 높나요?
　96 ＞ 85이므로 (**수학**) 국어) 점수가 더 높습니다.
③ 몇 점 더 높은지 구하세요.
　(수학 점수) (+ **－**) (국어 점수)
　= __96__ (+ **－**) __85__ = __11__ (점)
④ 답을 쓰세요.
　__수학__ 점수가 __11점__ 더 높습니다.

문장제 실력쌓기 2

1 구슬 70개 중에서 목걸이를 만드는 데 50개를 사용하였습니다. 목걸이를 만들고 남은 구슬은 몇 개일까요?

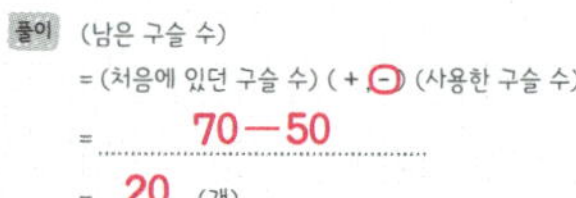

풀이 (남은 구슬 수)
　= (처음에 있던 구슬 수) (+ **－**) (사용한 구슬 수)
　= __70 － 50__
　= __20__ (개)

문제읽기 CHECK
☐ 구하는 것에 밑줄,
　주어진 것에 ○표!
☐ 처음에 있던 구슬은? __70__ 개
☐ 사용한 구슬은? __50__ 개

답 __20개__

3 하령이네 반과 선우네 반이 같이 간식을 먹으려고 합니다. 빵이 57개 있고, 우유는 빵보다 26개 더 적게 있습니다. 우유는 몇 개 있을까요?

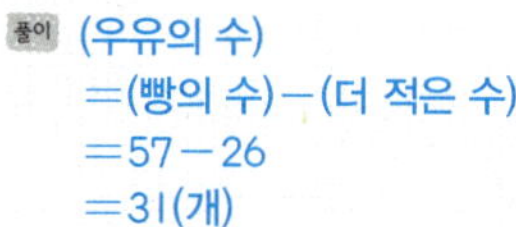

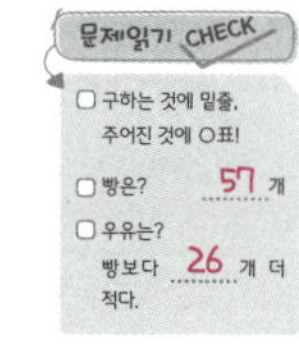

풀이 (우유의 수)
　= (빵의 수) － (더 적은 수)
　= 57 － 26
　= 31(개)

문제읽기 CHECK
☐ 구하는 것에 밑줄,
　주어진 것에 ○표!
☐ 빵은? __57__ 개
☐ 우유는?
　빵보다 __26__ 개 더 적다.

답 __31개__

2 책상 위에 색종이가 15장 있습니다. 그중에서 빨간색 색종이가 9장이고 나머지는 파란색 색종이입니다. 파란색 색종이는 몇 장일까요?

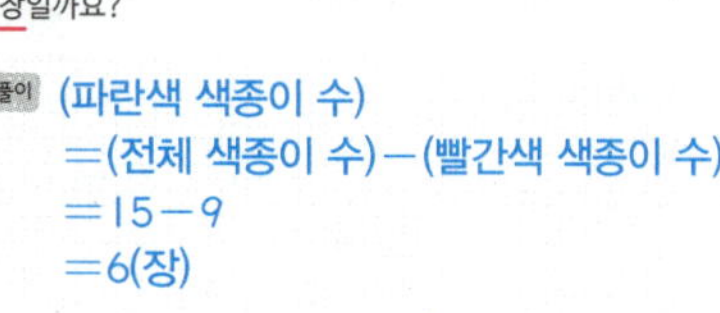

풀이 (파란색 색종이 수)
　= (전체 색종이 수) － (빨간색 색종이 수)
　= 15 － 9
　= 6(장)

문제읽기 CHECK
☐ 구하는 것에 밑줄,
　주어진 것에 ○표!
☐ 전체 색종이는? __15__ 장
☐ 빨간색 색종이는? __9__ 장

답 __6장__

4 자전거 가게에서 자전거를 5월에는 17대, 6월에는 8대 팔았습니다. 자전거를 어느 달에 몇 대 더 많이 팔았을까요?

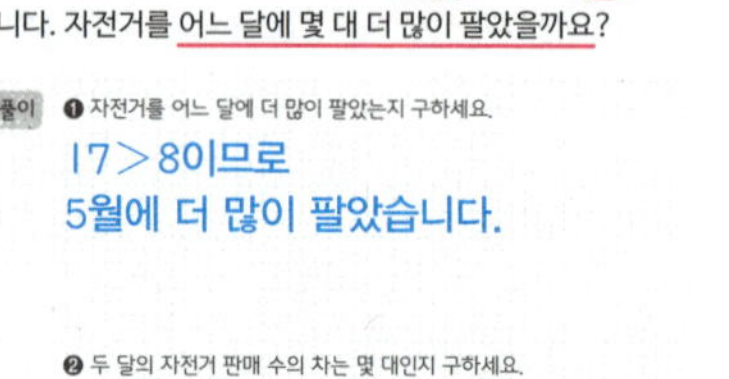

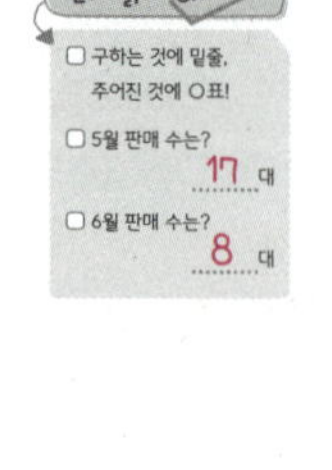

풀이 ① 자전거를 어느 달에 더 많이 팔았는지 구하세요.
　17 ＞ 8이므로
　5월에 더 많이 팔았습니다.

문제읽기 CHECK
☐ 구하는 것에 밑줄,
　주어진 것에 ○표!
☐ 5월 판매 수는? __17__ 대
☐ 6월 판매 수는? __8__ 대

② 두 달의 자전거 판매 수의 차는 몇 대인지 구하세요.
　(5월의 판매 수) － (6월의 판매 수)
　= 17 － 8 = 9(대)
　따라서 자전거를 5월에 9대 더 많이 팔았습니다.

답 __5월__ , __9대__

16 DAY

세 수의 덧셈과 뺄셈

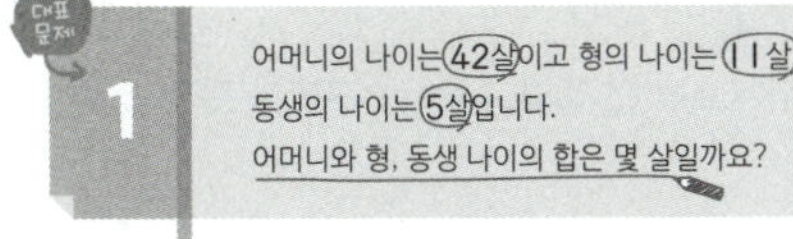

1 어머니의 나이는 42살이고 형의 나이는 11살, 동생의 나이는 5살입니다. 어머니와 형, 동생 나이의 합은 몇 살일까요?

문제읽고
❶ 구하는 것에 밑줄 치고, 주어진 것에 ○표 하세요.
❷ 어머니, 형, 동생 나이의 합이 몇 살인지 알려면 어떻게 해야 하나요?
어머니 42 살, 형 11 살, 동생 5 살을 모두 (더합니다 , 뺍니다).

풀이쓰고
❸ 식을 쓰세요.
(어머니, 형, 동생 나이의 합)
= 42 (+ , -) 11 (+ , -) 5 = 58 (살)
❹ 답을 쓰세요.
어머니와 형, 동생 나이의 합은 58살 입니다.

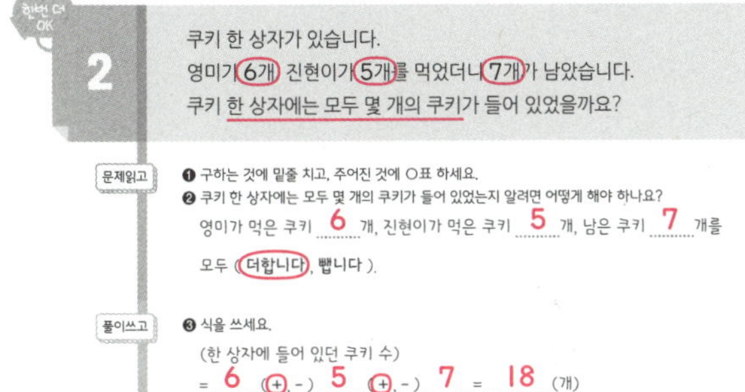

2 쿠키 한 상자가 있습니다. 영미가 6개, 진현이가 5개를 먹었더니 7개가 남았습니다. 쿠키 한 상자에는 모두 몇 개의 쿠키가 들어 있었을까요?

문제읽고
❶ 구하는 것에 밑줄 치고, 주어진 것에 ○표 하세요.
❷ 쿠키 한 상자에는 모두 몇 개의 쿠키가 들어 있었는지 알려면 어떻게 해야 하나요?
영미가 먹은 쿠키 6 개, 진현이가 먹은 쿠키 5 개, 남은 쿠키 7 개를 모두 (더합니다 , 뺍니다).

풀이쓰고
❸ 식을 쓰세요.
(한 상자에 들어 있던 쿠키 수)
= 6 (+ , -) 5 (+ , -) 7 = 18 (개)
❹ 답을 쓰세요.
쿠키 한 상자에는 모두 18개 의 쿠키가 들어 있었습니다.

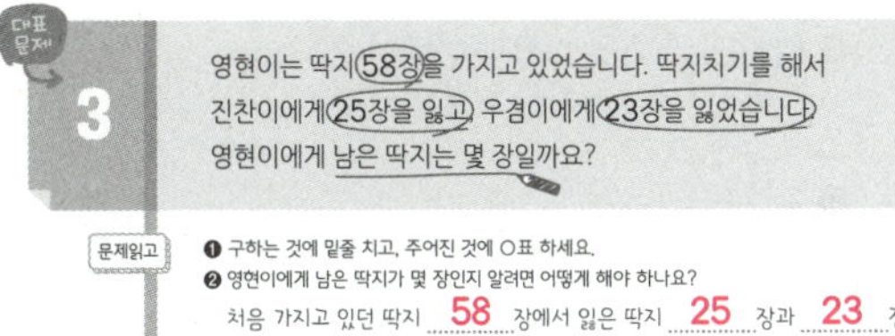

3 영현이는 딱지 58장을 가지고 있었습니다. 딱지치기를 해서 진찬이에게 25장을 잃고 우겸이에게 23장을 잃었습니다. 영현이에게 남은 딱지는 몇 장일까요?

문제읽고
❶ 구하는 것에 밑줄 치고, 주어진 것에 ○표 하세요.
❷ 영현이에게 남은 딱지가 몇 장인지 알려면 어떻게 해야 하나요?
처음 가지고 있던 딱지 58 장에서 잃은 딱지 25 장과 23 장을 차례로 (더합니다 , 뺍니다).

풀이쓰고
❸ 식을 쓰세요.
(남은 딱지 수)
= 58 (+ , -) 25 (+ , -) 23 = 10 (장)
❹ 답을 쓰세요.
영현이에게 남은 딱지는 10장 입니다.

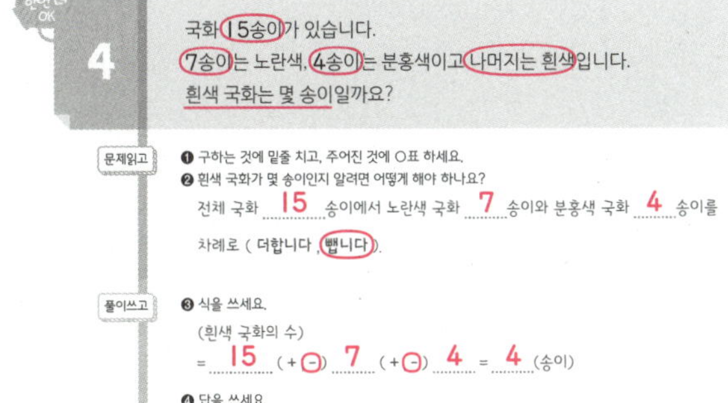

4 국화 15송이가 있습니다. 7송이는 노란색, 4송이는 분홍색이고 나머지는 흰색입니다. 흰색 국화는 몇 송이일까요?

문제읽고
❶ 구하는 것에 밑줄 치고, 주어진 것에 ○표 하세요.
❷ 흰색 국화가 몇 송이인지 알려면 어떻게 해야 하나요?
전체 국화 15 송이에서 노란색 국화 7 송이와 분홍색 국화 4 송이를 차례로 (더합니다 , 뺍니다).

풀이쓰고
❸ 식을 쓰세요.
(흰색 국화의 수)
= 15 (+ , -) 7 (+ , -) 4 = 4 (송이)
❹ 답을 쓰세요.
흰색 국화는 4송이 입니다.

문장제 실력쌓기 3

1 기우는 국어, 수학, 과학 수행 평가에서 국어는 50점, 수학은 20점, 과학은 23점을 받았습니다. 기우가 수행 평가에서 받은 점수는 모두 몇 점일까요?

풀이 (기우의 수행 평가 점수)
= (국어 점수) + (수학 점수) + (과학 점수)
= 50+20+23
= 93 (점)

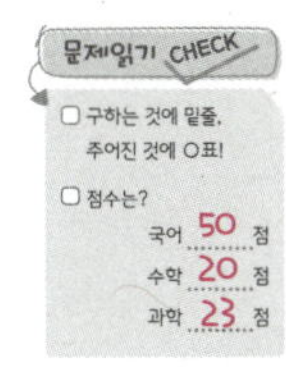

답 93점

2 이슬이는 어머니, 언니와 함께 종이학을 접었습니다. 어머니가 5개, 언니가 9개, 이슬이 3개 접었다면 세 사람이 접은 종이학은 모두 몇 개일까요?

풀이 (세 사람이 접은 종이학 수)
= (어머니가 접은 종이학 수)
+ (언니가 접은 종이학 수)
+ (이슬이가 접은 종이학 수)
= 5+9+3
= 17(개)

답 17개

3 상자 안에 귤이 49개 있었습니다. 그중에서 재율이가 10개, 재희가 8개를 먹었습니다. 상자 안에 남은 귤은 몇 개일까요?

풀이 (남은 귤의 수)
= (전체 귤의 수)
- (재율이가 먹은 귤의 수)
- (재희가 먹은 귤의 수)
= 49 - 10 - 8
= 31(개)

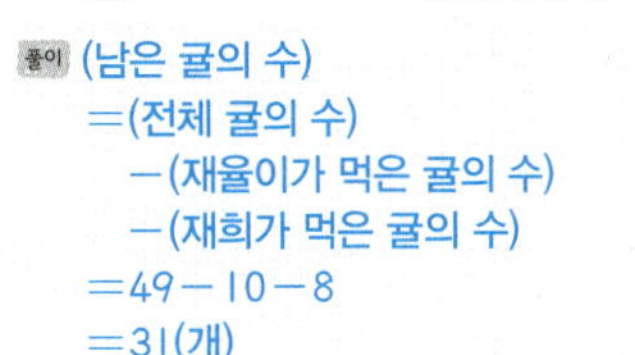

답 31개

4 버스에 11명이 타고 있었습니다. 이번 정류장에서 남자가 3명 내리고, 여자가 5명 내렸습니다. 지금 버스 안에 남아 있는 사람은 몇 명일까요?

풀이 (남아 있는 사람 수)
= (처음 사람 수) - (내린 남자 수)
- (내린 여자 수)
= 11 - 3 - 5
= 3(명)

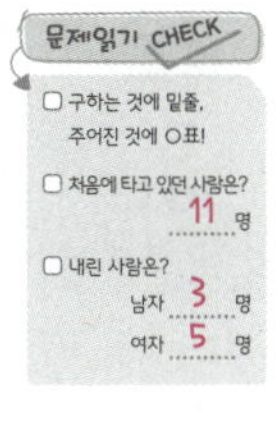

답 3명

1

풀이 ❶ (놀이공원에 온 어른과 어린이 수)
  =(어른 수)+(어린이 수)
  =8+21
❷ =29(명)

답 **29명**

채점기준

❶ 식을 세우면	∘	3점
❷ 놀이공원에 온 어른과 어린이의 수를 구하면	∘	2점
		5점

2

풀이 ❶ (동주가 문제를 푸는 데 걸린 시간)
  =(영채가 문제를 푸는 데 걸린 시간)+13
  =35+13
❷ =48(분)

답 **48분**

채점기준

❶ 식을 세우면	∘	3점
❷ 동주가 종합평가 문제를 푸는 데 걸린 시간을 구하면	∘	2점
		5점

3

풀이 ❶ (팬지와 나팔꽃 수)
  =(팬지 수)+(나팔꽃 수)
  =7+9
❷ =16(송이)

답 **16송이**

채점기준

❶ 식을 세우면	∘	3점
❷ 화단에 피어 있는 팬지와 나팔꽃의 수를 구하면	∘	2점
		5점

4

풀이 ❶ (남은 젤리 수)
  =(처음 가지고 있던 젤리 수)−(친구에게 준 젤리 수)
  =46−4
❷ =42(개)

답 **42개**

채점기준

❶ 식을 세우면	∘	3점
❷ 남은 젤리의 수를 구하면	∘	2점
		5점

5

풀이 ❶ (빨간색 색연필 수)
  =(파란색 색연필 수)−8
  =16−8
❷ =8(자루)

답 **8자루**

채점기준

❶ 식을 세우면	∘	3점
❷ 빨간색 색연필의 수를 구하면	∘	2점
		5점

6

풀이 ❶ 28>13이므로 어제 개구리를 더 많이 접었습니다.
❷ (접은 개구리 수의 차)=28−13=15(개)이므로
  15개 더 많이 접었습니다.

답 **어제, 15개**

채점기준

❶ 언제 개구리를 더 많이 접었는지 구하면	∘	3점
❷ 어제와 오늘 접은 개구리 수의 차를 구하면	∘	3점
		6점

주의 어제와 오늘 접은 개구리 수의 차만 답을 쓰지 않도록 합니다.

76쪽   77쪽

7 풀이 ❶ (동물원에 있는 사자, 호랑이, 기린의 수)
  =(사자 수)+(호랑이 수)+(기린 수)
  =8+5+6
  ❷ =19(마리)

답 **19마리**

채점기준

❶ 식을 세우면		4점
❷ 동물원에 있는 사자, 호랑이, 기린의 수를 구하면		3점
		7점

8 풀이 ❶ (남아 있는 감의 수)
  =(감나무에 달려 있던 감의 수)
   -(떨어진 감의 수)-(상자에 담은 감의 수)
  =58-7-20
  ❷ =31(개)

답 **31개**

채점기준

❶ 식을 세우면		4점
❷ 감나무에 남아 있는 감의 수를 구하면		3점
		7점

연습 때와 달라졌어요

쉬어가기

다른 부분 10군데를 찾아 ○표 해 주세요.

공개수업이 있는 날이에요.
아이들은 미리 연습을 해 보았어요.
연습했을 때와 뭐가 달라졌을까요? 두 눈을 크게 뜨고 찾아보세요.

79쪽

4. 시계 보기와 규칙 찾기

18 DAY 개념 확인하기

몇 시, 몇 시 30분

1 같은 시각끼리 이어 보세요.

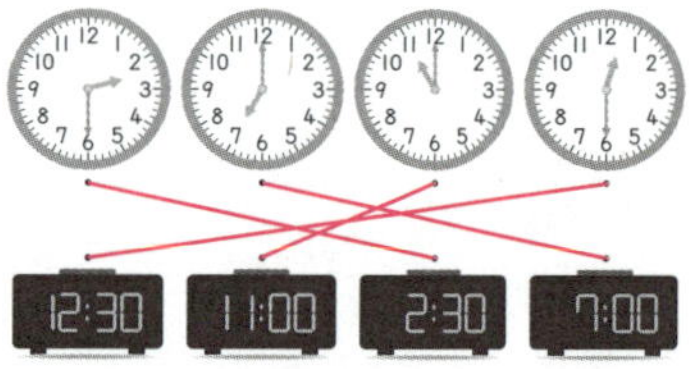

| 12:30 | 11:00 | 2:30 | 7:00 |

2 시각을 쓰세요.

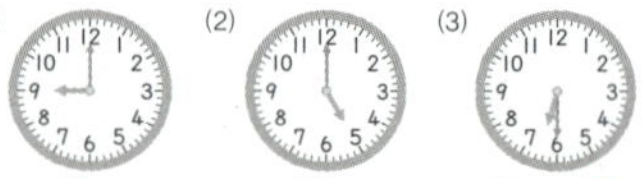

(1) **9** 시

(2) **5** 시

(3) **6** 시 **30** 분

시각 나타내기

3 시각에 알맞게 시곗바늘을 그리세요.

(1) 8시 30분   (2) 2시   (3) 10시 30분

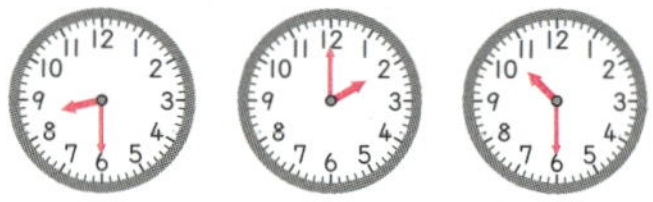

규칙 찾기

4 규칙에 따라 ◻ 안에 들어갈 과일의 이름을 쓰세요.

(1) 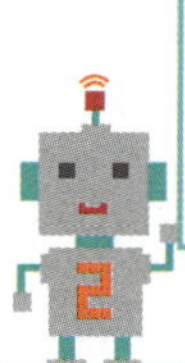 바나나

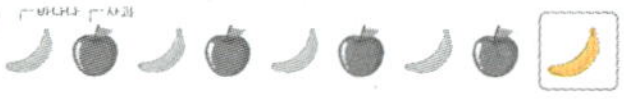

(2) 딸기

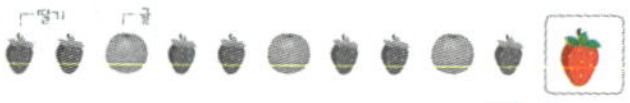

수 배열에서 규칙 찾기

5 규칙에 따라 빈칸에 알맞은 수를 써넣으세요.

(1) 3 - 7 - 2 - 3 - 7 - 2 - 3 - 7 - 2

(2) 20 - 30 - 40 - 50 - 60 - 70 - 80 - 90

(3) 5 - 8 - 11 - 14 - 17 - 20 - 23 - 26

수 배열표에서 규칙 찾기

6 수 배열표에서 규칙을 찾아 쓰세요.

41	42	43	44	45	46	47	48	49	50
51	52	53	54	55	56	57	58	59	60
61	62	63	64	65	66	67	68	69	70

→ 색칠한 수는 41부터 시작하여 **5** 씩 뛰어 세는 규칙입니다.

82쪽   83쪽

19 DAY 시각 알기

1 세희는 시계의 짧은바늘이 3을 가리키고, 긴바늘이 12를 가리킬 때 숙제를 시작했습니다. 세희가 숙제를 시작한 시각을 구하세요.

문제읽고
❶ 무엇을 구하는 문제인가요? 구하는 것에 밑줄 치세요.
❷ 짧은바늘과 긴바늘이 가리키는 수는 무엇인가요? ○표 하고 답하세요.
짧은바늘 : **3**   긴바늘 : **12**

풀이쓰고
❸ 시계에 짧은바늘과 긴바늘을 그리세요.

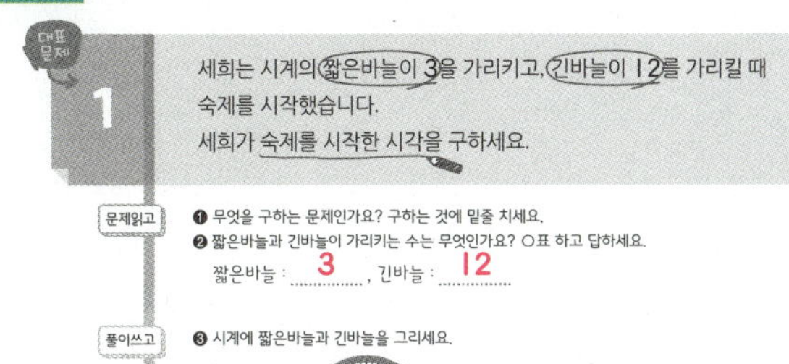

❹ 답을 쓰세요.   세희가 숙제를 시작한 시각은 **3** 시입니다.

2 주원이는 시계의 짧은바늘이 4와 5 사이에 있고, 긴바늘이 6을 가리킬 때 운동을 끝마쳤습니다. 주원이가 운동을 끝마친 시각을 구하세요.

문제읽고
❶ 무엇을 구하는 문제인가요? 구하는 것에 밑줄 치세요.
❷ 짧은바늘과 긴바늘이 가리키는 수는 무엇인가요? ○표 하고 답하세요.
짧은바늘 : **4** 와 **5** 사이, 긴바늘 : **6**

풀이쓰고
❸ 시계에 짧은바늘과 긴바늘을 그리세요.

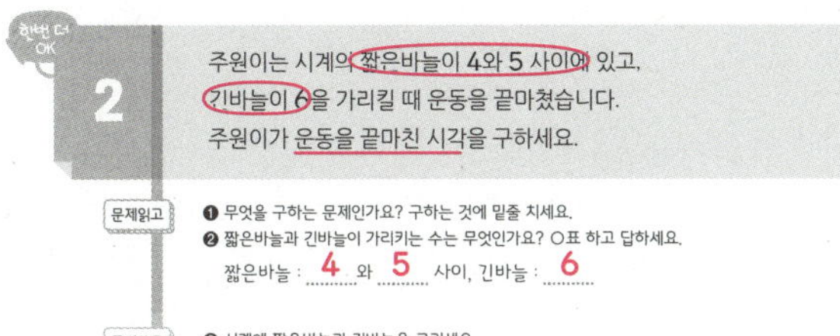

❹ 답을 쓰세요.   주원이가 운동을 끝마친 시각은 **4** 시 **30** 분입니다.

3 시계와 시간표를 보고 지금 무엇을 시작해야 하는지 쓰세요.

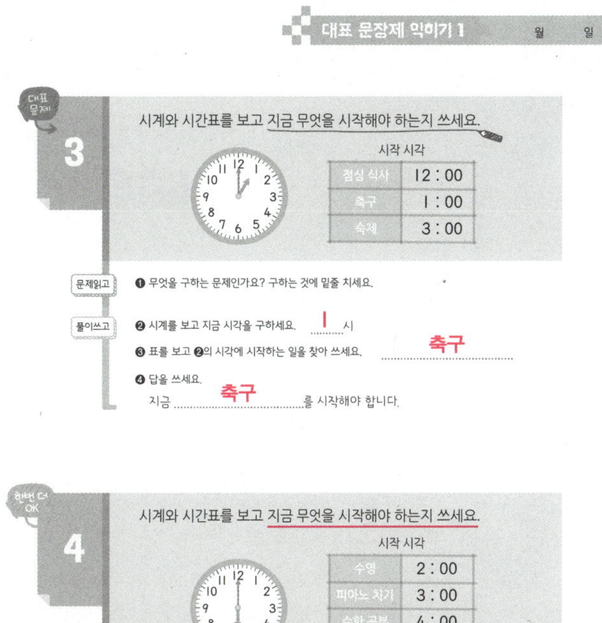

시작 시각	
점심 식사	12 : 00
축구	1 : 00
숙제	3 : 00

문제읽고
❶ 무엇을 구하는 문제인가요? 구하는 것에 밑줄 치세요.

풀이쓰고
❷ 시계를 보고 지금 시각을 구하세요.   **1** 시
❸ 표를 보고 ❷의 시각에 시작하는 일을 찾아 쓰세요.   **축구**
❹ 답을 쓰세요.
지금 **축구** 를 시작해야 합니다.

4 시계와 시간표를 보고 지금 무엇을 시작해야 하는지 쓰세요.

시작 시각	
수영	2 : 00
피아노 치기	3 : 00
수학 공부	4 : 00
저녁 식사	6 : 00

문제읽고
❶ 무엇을 구하는 문제인가요? 구하는 것에 밑줄 치세요.

풀이쓰고
❷ 시계를 보고 지금 시각을 구하세요.   **6** 시
❸ 표를 보고 ❷의 시각에 시작하는 일을 찾아 쓰세요.   **저녁 식사**
❹ 답을 쓰세요.
지금 **저녁 식사** 를 시작해야 합니다.

문장제 실력쌓기 1

1 보름이는 시계의 짧은바늘이 7을 가리키고, 긴바늘이 12를 가리킬 때 일어났습니다. 보름이가 일어난 시각을 구하세요.

풀이 긴바늘이 **12** 를 가리키면 '몇 시'입니다.
짧은바늘이 **7** 을 가리키므로 **7** 시입니다.

문제읽기 CHECK
☐ 구하는 것에 밑줄,
주어진 것에 ○표!
☐ 짧은바늘은?   **7**
☐ 긴바늘은?   **12**

답 **7시**

2 정후는 시계의 짧은바늘이 2와 3 사이에 있고, 긴바늘이 6을 가리킬 때 야구를 하기 시작했습니다. 정후가 야구를 시작한 시각을 구하세요.

풀이 긴바늘이 **6** 을 가리키면 '몇 시 30분'입니다.
짧은바늘이 **2** 와 **3** 사이를 가리키므로
2 시 **30** 분입니다.

문제읽기 CHECK
☐ 구하는 것에 밑줄,
주어진 것에 ○표!
☐ 짧은바늘은?   **2** 와 **3** 사이
☐ 긴바늘은?   **6**

답 **2시 30분**

3 시계와 시간표를 보고 지금 무엇을 시작해야 하는지 쓰세요.

시작 시각	
아침 식사	8 : 00
등교	9 : 00
2교시 수업	10 : 00
점심 식사	11 : 30

문제읽기 CHECK
☐ 구하는 것에 밑줄!
☐ 짧은바늘은?   **10** 을 가리킨다.
☐ 긴바늘은?   **12** 를 가리킨다.

풀이 **지금 시각은 10시이므로 2교시 수업을 시작해야 합니다.**

답 **2교시 수업**

4 시계와 시간표를 보고 지금 무엇을 시작해야 하는지 쓰세요.

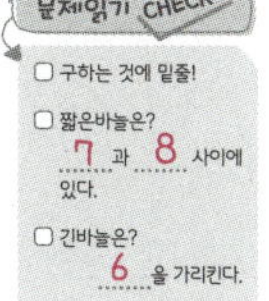

시작 시각	
저녁 식사	6 : 00
독서	7 : 30
일기 쓰기	8 : 30

문제읽기 CHECK
☐ 구하는 것에 밑줄!
☐ 짧은바늘은?   **7** 과 **8** 사이에 있다.
☐ 긴바늘은?   **6** 을 가리킨다.

풀이 **지금 시각은 7시 30분이므로 독서를 시작해야 합니다.**

답 **독서**

20 DAY 시각의 순서 알기

1

지유와 동휘가 밤에 잠든 시각입니다. 더 늦게 잠든 사람은 누구일까요?

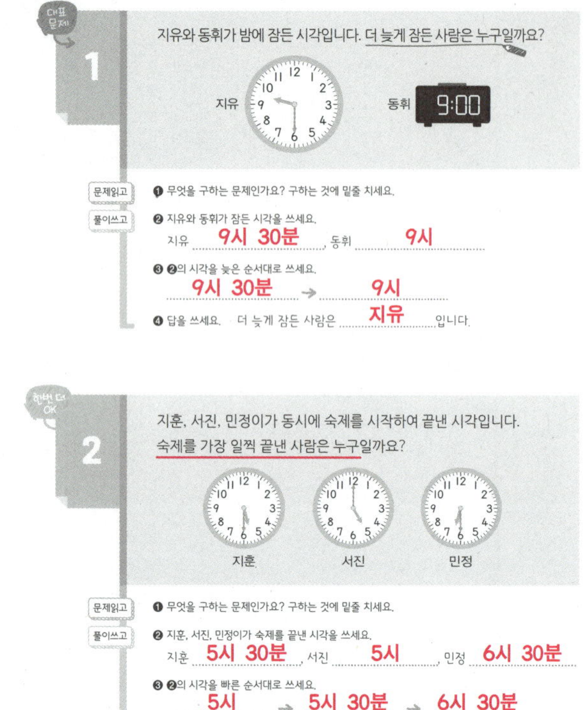

문제읽고
풀이쓰고

❶ 무엇을 구하는 문제인가요? 구하는 것에 밑줄 치세요.

❷ 지유와 동휘가 잠든 시각을 쓰세요.
지유   **9시 30분**   동휘   **9시**

❸ ❷의 시각을 늦은 순서대로 쓰세요.
9시 30분 → **9시**

❹ 답을 쓰세요.   더 늦게 잠든 사람은   **지유**   입니다.

2

지훈, 서진, 민정이가 동시에 숙제를 시작하여 끝낸 시각입니다. 숙제를 가장 일찍 끝낸 사람은 누구일까요?

문제읽고
풀이쓰고

❶ 무엇을 구하는 문제인가요? 구하는 것에 밑줄 치세요.

❷ 지훈, 서진, 민정이가 숙제를 끝낸 시각을 쓰세요.
지훈   **5시 30분**   서진   **5시**   민정   **6시 30분**

❸ ❷의 시각을 빠른 순서대로 쓰세요.
5시 → **5시 30분** → **6시 30분**

❹ 답을 쓰세요.   숙제를 가장 일찍 끝낸 사람은   **서진**   입니다.

3

현주가 일요일 낮 동안에 한 일과 시각을 적은 것입니다. 먼저 한 순서대로 기호를 쓰세요.

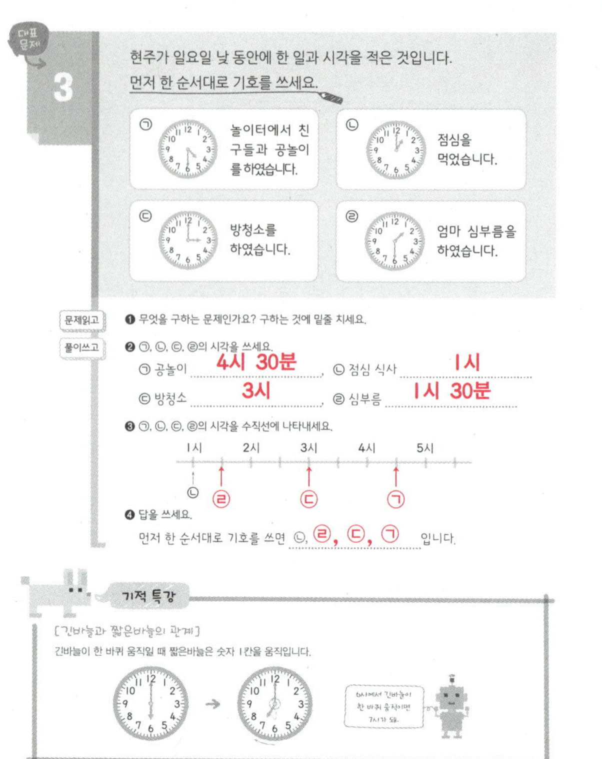

문제읽고
풀이쓰고

❶ 무엇을 구하는 문제인가요? 구하는 것에 밑줄 치세요.

❷ ㉠, ㉡, ㉢, ㉣의 시각을 쓰세요.
㉠ 공놀이   **4시 30분**   ㉡ 점심 식사   **1시**
㉢ 방청소   **3시**   ㉣ 심부름   **1시 30분**

❸ ㉠, ㉡, ㉢, ㉣의 시각을 수직선에 나타내세요.

1시   2시   3시   4시   5시

㉣   ㉢   ㉠

❹ 답을 쓰세요.
먼저 한 순서대로 기호를 쓰면   **㉡, ㉣, ㉢, ㉠**   입니다.

기적 특강

[긴바늘과 짧은바늘의 관계]
긴바늘이 한 바퀴 움직일 때 짧은바늘은 숫자 1칸을 움직입니다.

1

담이와 현오가 집에 도착한 시각입니다. 더 일찍 집에 도착한 사람은 누구일까요?

문제읽기 CHECK
☐ 구하는 것에 밑줄!
☐ 현오의 시계가 가리키는 수는?
짧은바늘   **1**
긴바늘   **12**

풀이   담이   **1시 30분**   현오   **1시**
시각을 빠른 순서대로 쓰면
1시   1시 30분   이므로
더 일찍 집에 도착한 사람은   **현오**   입니다.

답   **현오**

2

은비가 어제 낮에 한 일을 나타낸 것입니다. 먼저 한 순서대로 쓰세요.

문제읽기 CHECK
☐ 구하는 것에 밑줄!
☐ 긴바늘   12
→ 몇 시
☐ 긴바늘   **6**
→ 몇 시 30분

풀이   낮잠 자기 : 2시, 하교 : 12시 30분, 피아노 치기 : 3시 30분
시각을 빠른 순서대로 쓰면 12시 30분, 2시, 3시 30분이므로
하교, 낮잠 자기, 피아노 치기 순서대로 했습니다.

답   **하교, 낮잠 자기, 피아노 치기**

3

터미널을 출발하여 광주, 대전, 부산으로 가는 고속버스의 첫차 출발 시각을 나타낸 것입니다. 마지막으로 출발하는 버스는 어디로 가는 버스일까요?

문제읽기 CHECK
☐ 구하는 것에 밑줄!
☐ 마지막으로 출발하는 버스는?
출발하는 시각이 가장
(빠르다 (늦다))

풀이   광주 : 5시 30분, 대전 : 6시, 부산 : 5시
시각을 늦은 순서대로 쓰면 6시, 5시 30분, 5시이므로
가장 마지막에 출발하는 버스는 대전으로 가는 버스입니다.

답   **대전**

4

상윤이가 방학에 하루 동안 할 일과 시각을 적은 것입니다. 먼저 할 일부터 순서대로 기호를 쓰세요.

문제읽기 CHECK
☐ 구하는 것에 밑줄!
☐ 시각이
(빠를수록 , 늦을수록)
먼저 할 일이다.

풀이   ㉠ 6시 30분, ㉡ 2시, ㉢ 8시 30분
시각을 빠른 순서대로 쓰면 2시, 6시 30분, 8시 30분이므로
먼저 할 일부터 순서대로 기호를 쓰면 ㉡, ㉠, ㉢입니다.

답   **㉡, ㉠, ㉢**

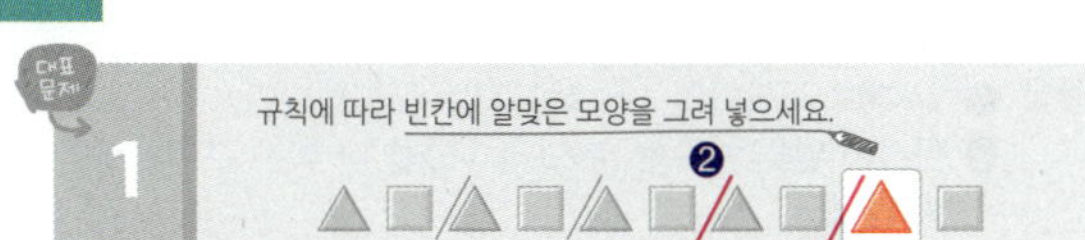

1 규칙에 따라 빈칸에 알맞은 모양을 그려 넣으세요.

❶ 무엇을 구하는 문제인가요? 구하는 것에 밑줄 치세요.

❷ 위의 그림에서 반복되는 부분을 /로 나누어서 구분하세요.

❸ 규칙을 찾아 말해 보세요.

규칙 (△ ☐ △ △)가 반복되는 규칙입니다.

→ 규칙에 따라 ☐ 다음은 (△) 모양이 옵니다.

❹ 위의 그림의 빈칸에 알맞은 모양을 그려 넣으세요.

2 규칙에 따라 가위바위보를 할 때, 빈칸에는 무엇을 내야 할까요?

❶ 무엇을 구하는 문제인가요? 구하는 것에 밑줄 치세요.

❷ 위의 그림에서 반복되는 부분을 /로 나누어서 구분하세요.

❸ 규칙을 찾아 말해 보세요.

규칙 (✊ ✌ ✋)가 반복되는 규칙입니다.

→ 규칙에 따라 바위 다음은 ((가위) 바위 , 보)가 옵니다.

❹ 답을 쓰세요.

빈칸에는 ____가위____ 를 내야 합니다.

3 규칙에 따라 수를 배열할 때 빈칸에 알맞은 수를 써넣으세요.

2 2 5 / 2 2 5 / 2 2 5 / 2 2 **5** / 2 2 5

❶ 무엇을 구하는 문제인가요? 구하는 것에 밑줄 치세요.

❷ 위의 수에서 반복되는 부분을 /로 나누어서 구분하세요.

❸ 규칙을 찾아 말해 보세요.

규칙 (2 5 2 , (2 2 5))가 반복되는 규칙입니다.

→ 2가 두 번 온 다음은 __5__ 가 옵니다.

❹ 위의 빈칸에 알맞은 수를 써넣으세요.

4 원규는 아래 수 배열표에서 색칠한 수의 규칙과 같은 규칙으로 수를 세려고 합니다. ◯ 안에 알맞은 수를 써넣으세요.

11	12	13	14	15
16	17	18	19	20
21	22	23	24	25
26	27	28	29	30

50 — **55** — **60** — **65**

❶ 구하는 것에 밑줄 치고, 주어진 것에 ◯표 하세요.

❷ 색칠한 수는 몇씩 커지나요? 규칙을 찾아 말해 보세요.

13	18	23	28

5 **5** **5**

규칙 13부터 시작하여 __5__ 씩 뛰어 세는 규칙입니다.

❸ 원규는 어떤 규칙으로 수를 세어야 할까요?

→ 50부터 시작하여 __5__ 씩 뛰어 세는 규칙으로 수를 셉니다.

❹ 위의 ◯ 안에 알맞은 수를 써넣으세요.

---

1 규칙에 따라 빈칸에 알맞은 그림을 그려 넣으세요.

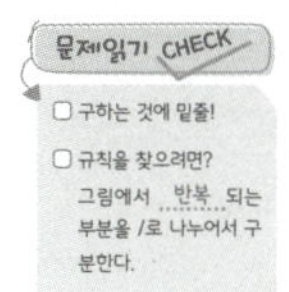

풀이 ← → ↑ 가 반복되는 규칙이므로

빈칸에는 ← 를 그려 넣습니다.

문제읽기 CHECK
☐ 구하는 것에 밑줄!
☐ 규칙을 찾으려면? 그림에서 반복 되는 부분을 /로 나누어서 구분한다.

3 혜정이는 규칙을 정하여 수 배열표에 다음과 같이 색칠하였습니다. 색칠한 수와 같은 규칙으로 빈 곳에 알맞은 수를 써넣으세요.

13	14	15	16	17	18	19	20	21	22
23	24	25	26	27	28	29	30	31	32

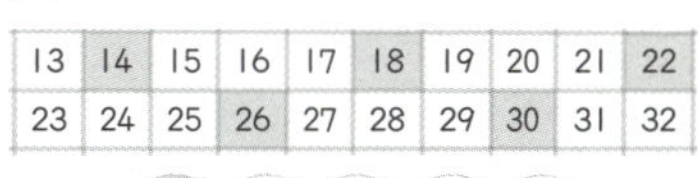

65 — **69** — **73** — **77** — **81**

풀이 ❶ 수 배열표에서 색칠한 수의 규칙을 찾아 말해 보세요.

14부터 시작하여 4씩 커지는 규칙입니다.

❷ 빈 곳에 알맞은 수를 구하세요.

65부터 시작하여 4씩 커지므로
65 — 69 — 73 — 77 — 81입니다.

문제읽기 CHECK
☐ 구하는 것에 밑줄!
☐ 색칠한 수를 차례로 쓰면?
14, 18, 22, 26, 30

2 색깔의 규칙에 따라 빈 곳에 알맞은 색을 칠하세요.

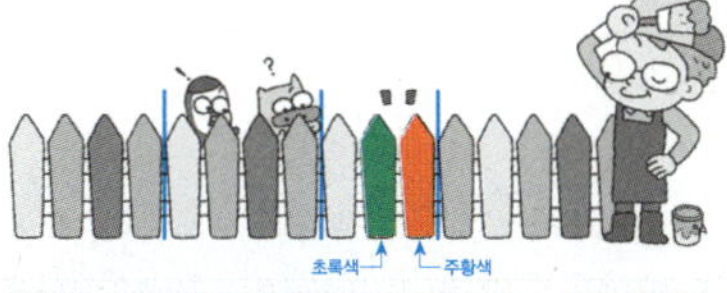

풀이 **노란색 ― 초록색 ― 주황색 ― 초록색이**
반복되는 규칙이므로
빈 곳에는 초록색과 주황색을 차례로 색칠합니다.

문제읽기 CHECK
☐ 구하는 것에 밑줄!
☐ 규칙을 찾으려면? 그림에서 **반복** 되는 부분을 /로 나누어서 구분한다.

4 다음과 같은 규칙으로 13번째까지 옷을 늘어놓을 때, 13번째에는 무슨 옷을 놓아야 할까요?

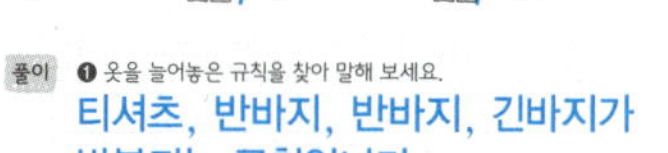
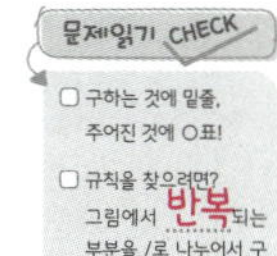

풀이 ❶ 옷을 늘어놓는 규칙을 찾아 말해 보세요.

티셔츠, 반바지, 반바지, 긴바지가
반복되는 규칙입니다.

❷ 규칙에 따라 9번째부터 시작하여 13번째까지 놓을 옷을 차례로 쓰세요.

티셔츠 ― 반바지 ― 반바지 ― 긴바지 ― 티셔츠이므로
13번째에는 티셔츠를 놓아야 합니다.

답 **티셔츠**

문제읽기 CHECK
☐ 구하는 것에 밑줄. 주어진 것에 ◯표!
☐ 규칙을 찾으려면? 그림에서 **반복** 되는 부분을 /로 나누어서 구분한다.

1 풀이 ❶

❷ 시계의 긴바늘이 12를 가리키면 '몇 시'입니다.
짧은바늘이 6을 가리키므로 6시입니다.

답 **6시**

채점기준

❶ 저녁을 먹은 시각을 시계에 나타내면	○	2점
❷ 저녁을 먹은 시각을 쓰면	○	3점
		5점

2 풀이 ❶ 지금 시각은 2시 30분이므로
❷ 피아노 치기를 시작해야 합니다.

답 **피아노 치기**

채점기준

❶ 지금 시각을 읽으면	○	3점
❷ 지금 무엇을 시작해야 하는지 쓰면	○	2점
		5점

3 풀이 ❶ 복숭아 − 수박 − 참외 − 참외가 반복되는 규칙이므로
❷ 빈칸에 알맞은 과일은 수박입니다.

답 **수박**

채점기준

❶ 규칙을 찾으면	○	3점
❷ 빈칸에 알맞은 과일을 구하면	○	2점
		5점

4 풀이 ❶ 99부터 시작하여 1씩 작아지는 규칙입니다.
❷ 빈칸에 알맞은 수는 95보다 1만큼 더 작은 수이므로
94입니다.

답 **94**

채점기준

❶ 규칙을 찾으면	○	4점
❷ 빈칸에 알맞은 수를 구하면	○	2점
		6점

주의 배열된 수가 작아지는 규칙입니다.

5 풀이 ❶ 간식 먹기 : 3시 30분, 줄넘기 하기 : 2시
❷ 시각을 늦은 순서대로 쓰면 3시 30분, 2시이므로
더 늦게 한 일은 간식 먹기입니다.

답 **간식 먹기**

채점기준

❶ 간식을 먹은 시각을 읽으면	○	1점
줄넘기를 한 시각을 읽으면	○	2점
❷ 더 늦게 한 일을 구하면	○	3점
		6점

6 풀이 ❶ 롤러코스터 타기 : 11시, 점심 식사하기 : 12시 30분,
유령의 집 가기 : 10시 30분
❷ 시각을 빠른 순서대로 쓰면
10시 30분, 11시, 12시 30분이므로
먼저 한 일부터 순서대로 쓰면
유령의 집 가기, 롤러코스터 타기, 점심 식사하기입니다.

답 **유령의 집 가기, 롤러코스터 타기, 점심 식사하기**

채점기준

❶ 놀이공원에서 한 일의 시각을 각각 구하면	○	3점
❷ 먼저 한 일부터 순서대로 쓰면	○	4점
		7점

7

❶ 수 배열표에서 색칠한 수는
  46부터 시작하여 7씩 커지는 규칙입니다.
❷ 따라서 60부터 시작하여 7씩 커지는 수
  67, 74, 81에 색칠합니다.

답

45	46	47	48	49	50	51	52	53	54
55	56	57	58	59	60	61	62	63	64
65	66	67	68	69	70	71	72	73	74
75	76	77	78	79	80	81	82	83	84

채점기준

❶ 색칠한 수의 규칙을 찾으면	4점
❷ 규칙에 따라 나머지 부분을 색칠하면	3점
	7점

8

풀이

❶ 거울에 비친 시계의 짧은바늘은 5와 6 사이에 있고,
  긴바늘은 6을 가리키므로 지금 시각은 5시 30분입니다.
❷ 따라서 종석이는 지금 수학 숙제를 시작해야 합니다.

답 **수학 숙제**

채점기준

❶ 거울에 비친 시계의 시각을 읽으면	4점
❷ 지금 무엇을 시작해야 하는지 쓰면	3점
	7점

정답

쉬어가기

누구일까요?

강아지의 그림자를 찾아 ○표 해 주세요.

띵동띵동! 농장에 반가운 손님이 찾아 왔어요.
강아지가 신나서 달려가요.
반가워서 꼬리도 살랑살랑!
누가 왔을까요?
강아지의 그림자를 따라가 보세요.

99쪽

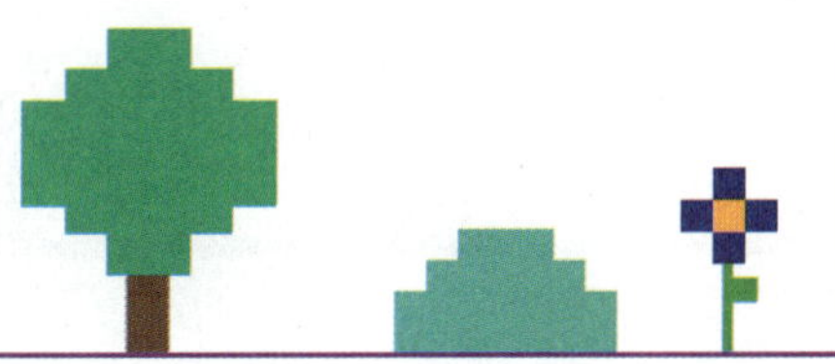

메모

기적의
수학
문장제

길벗스쿨

오늘도 한 뼘
자랐습니다